# 现代农业气象业务系统研制与应用

姚益平　肖晶晶　金志凤　杨忠恩
王志海　李　建　张育慧　著

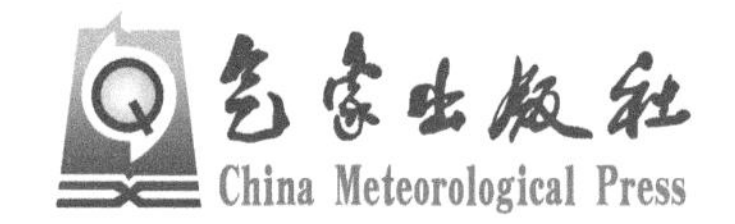

## 内 容 简 介

本书根据探索研究和应用实践，介绍现代农业气象业务系统研制与应用成果。立足现代农业气象服务需求，以现代农业气象多源信息数据、精细化数值预报产品、农业气象指标和农业气象诊断评价体系为基础，应用现代 GIS、在线分析等技术，建立农业气象灾害监测预警、农业气象条件定量评估和农用天气预报模型，研发新型现代农业气象业务系统，构建具有基于位置服务功能的“智慧农业气象”手机客户端，为开展主要农作物的全程性、多时效、多目标、定量化、精细化的现代农业气象信息服务提供重要技术工具，为现代农业气象服务体系建设提供重要技术支撑。

本书可供广大应用气象业务和科研人员参考。

**图书在版编目(CIP)数据**

现代农业气象业务系统研制与应用 / 姚益平等著
. — 北京 ：气象出版社，2019.4
ISBN 978-7-5029-7006-2

Ⅰ.①现… Ⅱ.①姚… Ⅲ.①农业气象-气象服务-研究 Ⅳ.①S165

中国版本图书馆 CIP 数据核字(2019)第 150054 号

**现代农业气象业务系统研制与应用**
Xiandai Nongye Qixiang Yewu Xitong Yanzhi yu Yingyong

**出版发行：**气象出版社
**地　　址：**北京市海淀区中关村南大街 46 号　　**邮政编码：**100081
**电　　话：**010-68407112(总编室)　010-68408042(发行部)
**网　　址：**http://www.qxcbs.com　　**E-mail：**qxcbs@cma.gov.cn
**责任编辑：**陈　红　王　迪　　**终　　审：**吴晓鹏
**责任校对：**王丽梅　　**责任技编：**赵相宁
**封面设计：**博雅思企划
**印　　刷：**北京建宏印刷有限公司
**开　　本：**787 mm×1092 mm　1/16　　**印　　张：**6.75
**字　　数：**172 千字
**版　　次：**2019 年 4 月第 1 版　　**印　　次：**2019 年 4 月第 1 次印刷
**定　　价：**50.00 元

# 前　言

以互联网信息技术应用为基础、整合气象信息资源、农作物气象指标、农用天气预报模型、气候适宜度模型、农业气象灾害评估模型等，建立一个综合农业气象公共服务平台，依托三网融合的高速信息服务通道，面向“百万农户、万家企业”两大服务主体开展服务，对加快推进农村信息化建设具有重要意义。

在浙江省科技厅重大科技专项支持下，我们重点开展精细化农业气象灾害监测预警和关键期精细化农用天气预报技术方法研究，在构建现代农业气象指标体系的基础上，充分应用现代农业气象技术，建立精细化、定量化的农业气象灾害监测预警模型、精细化农用天气预报模型、主要农作物生长气候适宜度模型等，集成现代农业气象系统，实现作物生长全过程的农业气候资源实时监测预报、农业气象条件定量化评价、农业气象灾害监测预警影响评估、主要农作物生长季和关键农时的农用天气预报等，面向农户和企业开展直接服务。

项目立足现代农业气象服务需求，以现代气象自动观测网络数据、精细化数值预报产品、农业气象指标和农业气象诊断评价体系为基础，应用现代 GIS 等技术，建立农业气象灾害监测预警模型和农用天气预报模型，研发新型的现代农业气象业务系统，为开展主要农作物的全程性、多时效、多目标、定量化、精细化的现代农业气象信息服务提供重要技术工具，为现代农业气象服务体系建设提供重要技术支撑。主要研究内容包括：一是构建现代农业气象多源信息数据库，建立气象信息数据集、农业气象指标集、农用天气预报指标集、农业气象观测信息数据集、农业统计数据集、现代农业气象服务知识集、综合农业气象数据库及其管理系统。二是农业气象灾害定量化监测预警技术研究，基于农业气象观测和田间试验和大田调查数据，分析确定产生灾害的临界气象指标；基于网格化的中短期天气预报和天气实况，构建农业气象灾害多时效、精细化的监测预警和影响评估模型，研制灾害监测预警评估功能模块；开展农业气象灾害应急管理模式研究，制定农业气象灾害预警业务规范。三是农用天气预报关键技术研究，综合主要农作物生育期、关键农时、农业生产活动、管理措施以及农业气象灾害指标等，建立农用天气预报指标集；基于 GIS 和未来一周数值天气预报产品，集成农用天气预报指标，建立农用天气预报模型；研制农用天气预报功能模块。四是农业气象条件诊断评估技术研究，基于农业气象观测、田间试验和大田调查数据，研制主要气象要素对作物的影响评价指标；构建以指数模型为主的主要农作物生长发育影响预测和影响评估模型；利用“在线分析”技术，研制农业气象条件实时动态诊断评估模块。五是集成现代农业气象系统，在上述研究的基础上，集成现代农业气象系统，实现以下主要功能：主要农业气象灾害实时监测预警，滚动输出网格化图表数据；主要作物全生育过程农业气象条件实时监测和诊断评估，气温、降水、日照、积温等要素的实时监测及其对主要作物的适宜性影响预测和评估；关键农事季节和关键生长期的农用天气预报；区域网格化图表数据产品的查询和提取；依托三网融合的高速信息服务通道向用户推送服务信息。六是研发“智慧气象”手机客户端，将气温、能见度、风向、风速、气压、雨量等要素的自动站资料进行网格化处理，结合作物气象指标、综合气候适宜度评价模型，研制全程性、多时效、多目标、精细化的现代农业气象情报库，建立农业气象数据库、基础地理信息库、农业气象产品数据库、农业气象监测信息库。选取不同的空间处理模型将气象观测信息插值到空间区域上形成气象要素分布场，并利用 GIS 空间分析与建模技术将上述数据进行叠加处理得到图形化的农业气象服务信息及产品。最终实现客户端精细化农业气象灾害监测预警和农用天气预报等服务信息推送。

本书依托该项目成果，对相关技术方法做全面介绍。

作者

2019 年 1 月 23 日

# 目　录

# 第 1 章　农业气象多源信息数据库

以 SQL Server 2008 数据库管理平台为开发平台，分类别建立数据表、视图、触发器、存储进程等数据库对象，构建全省通用的、统一的农业气象数据库。基本建立相对完整的农业气象要素库、土壤湿度数据库、作物发育期数据库、作物产量结构数据库、地段观测产量数据库、分县作物统计产量数据库、农业灾害数据库等长时间序列数据库群；建立相对完整的农业气象知识库、农业气象指标库、大宗和特色农作物种植区划数据库、农业气象灾害风险区划数据库、农业气候资源区划数据库等基础数据库群等。统一采用 MICAPS 4 类格式生成服务产品格点化数据库。

## 1.1　气象信息数据集

气象观测数据。浙江全省 71 个常规自动气象站、2259 个区域自动气象站逐时的观测资料，主要包括气温、降水量、相对湿度、日照时数等 35 个气象要素。

农田小气候数据。农田小气候数据主要包括农田小气候、土壤水分、太阳辐射、特征要素等观测要素。52 个农田小气候观测站不同冠层高度的温度、风速、相对湿度等资料；31 个自动农田土壤水分观测站的观测数据，包括 0～100 cm 土壤深度的相对湿度、土壤体积含水量、土壤重量含水率；9 个太阳辐射数据包括太阳总辐射、散射辐射、有效辐射等；18 个特征要素主要是观测田间 $CO_2$ 浓度，包括 $CO_2$ 浓度的最大、最小值和平均值，以及最值出现的时间。

## 1.2　农业气象观测信息数据集

主要包括全省 13 个农业气象观测站点观测的实时农作物生育期、长势、病虫发生、气象灾害、物候、土壤水分等农作物观测信息。

## 1.3　农业统计数据集

包括 1971—2016 年作物产量、面积、灾害(包括台风、干旱、洪涝等致灾面积、成灾面积)等农业社会数据。

地理信息数据。浙江省、市、县、乡镇行政地图，水体及 DEM 高程等基础数据。包括 1∶5 万的浙江省、市、县行政区划图、一二级河流、市标注和农业气象站点分布及名称以基本背景图显示，显示比例放大到一定程度时，再显示 1∶1 万的乡镇行政区划图。DEM 全省为 1∶25 万空间分辨率。

## 1.4 农业气象指标集

主要包括浙江省主要农作物，特别是十大农业主导产业的各种类农作物的主要生育期、适宜生长农业气象指标，主要农业气象灾害指标、灾害等级标准等。

农业气象灾害指标体系，包括春寒、茶叶霜冻、柑橘冻害等8类作物14种农业气象灾害；农用天气预报指标体系，包括双季早稻播种、双季早稻收割、晚稻收割、柑橘采摘、茶叶采摘、杨梅采摘、油菜收割等6种作物、7类农事关键期的预报指标；农业气候适宜度评价模型体系，包括温度、湿度、日照等单个气象因子和综合气候因子的适宜度评价模型。

## 1.5 现代农业气象服务知识集

包括主要农作物周年气象服务方案、农业气象防灾减灾措施、农业气象服务关注重点等。

主要农业气象灾害应对措施如下。

(1)应对台风措施见表1.1。

**表1.1 主要农作物应对台风措施**

| 生产对象 | 应对措施 |
| --- | --- |
| 水稻 | 茎叶受损，易发生纹枯病、白叶枯病等病害。台风过后要对晚稻秧田进行分类管理，并用对症农药及时进行突击防治。 |
| 夏玉米 | 茎秆容易折断，一是要注意清沟排水；二是及时扶正植株，避免茎秆弯曲影响产量；三是进行培土，防止发生倒伏。 |
| 水产 | 加固堤坝、设备，做好排水、增氧工作。 |
| 枇杷 | 枝叶繁茂，透风性较差，且根系不发达，抗台风能力弱，受台风影响大。台风来临前可设立支柱防大风刮倒并做好开沟排水工作。 |
| 葡萄 | 成熟葡萄应及时采摘，同时加固大棚，防止大风损坏。 |
| 杨梅 | 台风来临前加固树体，台风过后追施客土，并及时修剪树枝和防止病虫害。 |
| 柑橘 | 及时处理断枝，加强肥水管理和病虫防治，促进树势恢复。适当疏除果实，减轻树体负担。 |
| 蔬菜 | 做好大棚设施加固；及时深挖排水沟；抢收可上市蔬菜；做好灾后生产自救、病虫防治等工作。 |

(2)应对暴雨措施见表1.2。

**表1.2 主要农作物、水产品应对暴雨措施**

| 生产对象 | 应对措施 |
| --- | --- |
| 蔬菜 | 高山茄果类蔬菜黄萎病、青枯病容易发生，雨后及时开沟排水，拔出病株，并撒上石灰。灾后多施有机肥，雨前注意防病，增加植株抗性。 |
| 芦笋 | 田间长期积水会影响芦笋生长，持续降水期间应及时排水。 |
| 南美白对虾 | 暴雨容易造成水体温度、盐度、溶解氧严重分层，pH值急剧下降，并可能产生底部缺氧，出现“倒藻”。应增开氧气机，用熟石灰调节pH值；暴雨过后增加免疫多糖、Vc、对虾病毒净及生物酶活性添加剂，以增强对虾的抗应激能力。 |
| 甲鱼 | 甲鱼对暴雨应激反应较强，会导致内分泌失调而发病。应及时做好疾病的预防和水质的调控。 |
| 河蟹 | 池塘水满溢，应警惕河蟹逃逸。 |

(3)应对高温措施见表1.3。

**表1.3　主要农作物应对高温措施**

| 生产对象 | 应对措施 |
|---|---|
| 早稻 | 早稻灌浆成熟期若遇持续性高温,易发生高温逼熟,导致减产。应早灌水、夜排水,降低田间温度。 |
| 茶叶 | 茶叶遇到高温干旱天气,成年茶树成叶枯焦,幼年茶树尤其是当年播种或移栽的茶树容易枯死,可以采取这些措施应对:(1)保水补水,提高土壤含水率;(2)地面覆盖,减少蒸发;(3)遮阴保苗,防止阳光直射;(4)灾后适当修剪;(5)加强肥培管理,使茶叶恢复生机;(6)留叶采摘,增强树势;(7)受害严重的幼年茶园,应采用补植或移栽。 |
| 柑橘 | 柑橘果实膨大期遇高温会导致日灼发生,可通过灌水、树盘覆盖、喷洒石灰水等降低日灼伤害。 |
| 葡萄 | 遇35℃以上高温天气,应在晴好天气的中午适时揭膜通风,防止高温灼伤葡萄芽叶。适当喷洒0.2%磷酸二氢钾或5%草木灰浸出液2~3次,预防日灼;疏除多余果穗,以防危害健康果粒。 |

(4)应对干旱措施见表1.4。

**表1.4　主要农作物应对干旱措施**

| 生产对象 | 应对措施 |
|---|---|
| 水稻 | 水稻孕穗期对水分敏感,干旱可引起花粉不育或不能形成花粉、子房,造成大量不实粒甚至死粒。应充分利用有效灌溉动力与水利设施,掌握"四先四后"原则,即先水稻后旱粮,先高田后低田,先远田后近田,先常规水稻后杂交水稻。适当追施氮肥和复合肥。 |
| 春玉米 | 抽穗前10天若遇干旱,影响抽雄吐丝,形成"卡脖旱",可采取以下措施应对:(1)合理灌溉,特别是水分临界期保证水分供应;(2)平整土地,深翻土壤,提高土壤蓄墒能力;(3)选择抗旱性较好的品种;(4)改善水利设施。 |
| 夏玉米 | 抽穗吐丝期遇高温干旱,会导致夏玉米抽雄开花时间缩短,雌穗吐丝迟缓,花丝易枯萎,从而影响授粉结实,造成秃顶或缺粒。可通过深耕提高土壤蓄墒能力,采用人工辅助授粉措施以及病虫害防治等减轻危害。 |
| 柑橘 | 果实膨大期遇高温干旱天气,树体正常的生理代谢机制被扰乱,光合作用效能降低,导致果实不能充分得到生长发育所需要的营养物质而脱落。可采取橘园覆草、灌水喷水、抹芽控梢等措施应对高温干旱。 |
| 鲜桃、蜜梨 | 旱情发生时,得不到水分补充,果实较小,应及时灌溉,补充水分。 |

(5)应对低温措施见表1.5。

**表1.5　主要农作物应对低温措施**

| 生产对象 | 应对措施 |
|---|---|
| 早稻 | 早稻苗期若遇倒春寒天气,露地秧要灌好"拦腰水"护苗,同时要防止温度剧变,若遇低温后骤晴,要在早晨日出前排去冷水,换新水;移栽返青期遇到低温易导致秧苗发僵,秧苗表现细长软弱,出叶和分蘖迟缓,应及时排出冷水,灌水时应设洒水田或迂回灌溉,深耕田,增温增氧。 |
| 油菜 | 当气温降至0℃或以下,油菜易出现受冻症状,应适时灌好冬水、盖施腊肥、摘除早花、喷洒27%高脂膜乳剂80~100倍液和抗寒剂。 |
| 春玉米 | 应选择苗期耐寒、耐湿、早熟的优质高产品种,播种时应根据当地的气温和采用的种植方式确定,尽量采用地膜覆盖保护育苗措施。 |
| 茶叶 | (1)常见灾前防控措施有以下几种:①抢摘:霜冻发生前,对可采摘的芽叶进行抢摘。②覆盖:霜冻发生前,在茶树蓬面覆盖遮阳网、无纺布、稻草等。③喷水防霜:即将出现霜冻时,使用喷灌设备对茶树蓬面进行喷水,直至白天茶园温度上升。④熏烟防霜:根据风向、地势、面积设堆,气温降至2℃左右时点火生烟。⑤风扇防霜:在低温来临前,开启防霜风扇。<br>(2)灾后补救措施有以下几种:①整枝修剪。受轻度霜冻的茶园不修剪;中度霜冻的轻修剪;重度或特重霜冻危害的应深修剪。受害部位应修剪干净。②浅耕施肥。受冻茶树修剪后,待气温回升应进行浅耕施肥,及时补充速效肥料或喷施叶面肥,如尿素、复合肥等,并配施一定的磷、钾肥。 |
| 草莓 | 当气温下降到-3℃以下,导致草莓受冻,可在大棚内放置火炉加温,以保持棚内温度0℃以上,同时注意人身安全。 |

(6)应对连阴雨措施见表1.6。

**表1.6 主要农作物应对连阴雨措施**

| 生产对象 | 应对措施 |
| --- | --- |
| 油菜 | 尽早做好排水措施,选择晴天进行整地、移植;通过中耕松土,改善土壤通透性,促进油菜根系恢复正常生长;追肥中增施磷肥、钾肥和有机肥。 |
| 连作晚稻 | 关键期遇阴雨寡照天气,籽粒发育不良,可通过喷施保温剂、磷肥、叶面肥等,减轻连阴雨危害;收晒期应抓住降水间隙,及时收割、脱粒、晾晒,争取颗粒归仓。 |
| 蔬菜 | 茄子、辣椒、甘蓝等播种出苗期遇低温阴雨,应覆盖薄膜避雨,防止雨淋苗床。 |
| 西瓜 | 花期遇阴雨天气,授粉率低,应人工辅助授粉,同时防止雨水冲洗或昆虫把花粉采走。果实膨大成熟期,要注意保温增温,覆盖物早揭晚盖;适当使用膨果肥。 |
| 鲜桃 | 开花期遇阴雨天气,对开花坐果有不良影响,可通过人工辅助授粉。 |

(7)应对大雪措施见表1.7。

**表1.7 主要农作物应对大雪措施**

| 生产对象 | 应对措施 |
| --- | --- |
| 蔬菜 | 大雪来临时,露地菜叶易被破坏,应及时清理沟渠,遮阳网覆盖,注意苗期猝倒病、立枯病等,加固大棚、喷施叶面肥等。 |
| 草莓 | 做好大棚扒雪、加盖大棚内膜直到大棚群脚,形成内外大棚;其次是大棚外围增盖草帘或加盖稻草。 |
| 杨梅 | 大雪来临前,设立支柱、提前修剪;雪后,尽快摇除树上积雪,避免枝干断裂,及时施肥,同时警防树体上的病虫害发生。 |
| 柑橘 | 柑橘遇大雪,树枝易压断,应及时摇雪、疏剪绑缚,适当施肥,同时防止病虫害发生。 |

## 1.6 农业气象格点化数据库

在现代农业气象业务平台和智慧农业气象App基础框架基础上,建设灾害监测预警、农用天气预报、农业气候资源等数据模块,逐日滚动生成1 km×1 km农业气象灾害监测预警、农用天气预报、农业气候资源等格点化数据产品库,并采用地图服务模块,应用ArcGIS技术将格点数据发布生成动态的地图服务,实现各类格点数据产品与基础地理数据的空间叠置分析,显示基于地理信息的图形化数据产品。

农业气象格点数据统一采用MICAPS 4类格式生成,方便数据共享和调用。格点数据包含全省所有市、县,在省、市、县(区)调用数据时,执行掩膜操作可以对数据按地区调用。

## 1.7 农业气象大数据平台建设

基于CIMISS数据规范和CAgMSS格式要求,应用数据存储层、资源管理层和数据分析层三层结构体系,利用SQL Server数据库管理期对收集整理的各类农业气象数据和产品的标准化、规范化存储管理功能,实现CIMISS系统与农业气象服务的数据及产品互联互通、完全共享。

数据存储采用 RDBMS 和文件两种存储方式。其中 RDBMS 存储方式为关系型数据库管理系统，包括基本 CIMISS 气象资料库、农业气象知识库、系统管理库、元数据资料库、基础代码库等数据，这些数据全部采用 RDBMS 的存储结构，数据的特点是数据库表结构相对固定，但是数据量非常庞大。其中茶叶气象资料库主要存储的茶叶小气候站数据主要以共享形式存在，FS 文件存储方式：包括产品数据文件区、系统数据文件区和临时数据文件区等。数据自动入库主要根据不同数据更新时间需求，在任务管理器添加固定时间的任务服务，实现观测和预报数据、气象指标数据定时入库自动化。其中小时资料在整点入库，小气候资料在每小时的后 10 分对原始文本解析入库，逐日气象观测资料在每天的 08:20 入库，气象指标数据在每日的 08:30 基于气象观测预报数据进行自动化计算入库。

数据平台包括农业气象基础数据、小气候数据、农业统计数据、地理信息数据等。

(1)农业气象基础数据主要由 CIMISS 数据库中读取，包括常规自动气象站和区域自动气象站逐小时的观测数据、精细化数值天气预报数据等。

(2)小气候数据主要根据农田小气候 Z 文件数据(茶叶、设施农业等)，解析小气候观测站的数据，要素为站点经度、纬度、海拔高度、梯度温度、最高气温、最低气温、降水量、平均空气相对湿度、不同深度土壤温度、湿度、太阳总辐射、光合有效辐射等，将小气候数据集成到气象大数据库中，建立了小气候、土壤、辐射 3 个小气候数据表。

(3)农业统计数据为根据统计年鉴等获取的特色农作物的面积、产量、产值等数据。

(4)地理信息数据为省级行政区划、市级、县级及乡镇级行政区域、茶叶种植区域、非茶叶种植区域等信息。

# 第2章 农业气象灾害定量化监测预警评估模型

农业气象灾害种类繁多，发生时段、危害机理和指标均不同。从灾害的发生机制看，农业干旱、渍害等属累积型；暴雨、大风、冰雹等属突发型；有些灾害造成的影响是显性的，在灾害发生后通过外在的形态特征可直观判断，如洪涝、大风、冰雹等；有的灾害造成的影响是隐性的，如冷害、热害、寒露风等，受害症状时间滞后显现。从影响作物种类上来看，主要包括大田作物（水稻、油菜、大小麦）和经济林果作物（茶叶、柑橘、杨梅等）。以浙江省最主要的经济作物茶叶为例，分析农业气象灾害定量化监测预警评估技术。通过控制试验，分析作物生理生化指标对胁迫环境的响应变化，结合生产实际，筛选出灾害气象指标，利用数理方法，构建灾害监测预警评估模型。基于网格化的中短期天气预报和天气实况，构建农业气象灾害多时效、精细化的监测预警和影响评估模型，实现农业气象灾害定量化评估和监测预警服务。

## 2.1 控制试验

2013年5月至2014年3月，南京信息工程大学农业气象重点实验室开展了4个主栽品种茶树（乌牛早、龙井43、福鼎大白茶、鸠坑）的低温霜冻、低温冻害和高温热害等主要气象灾害指标的控制试验。针对气象灾害种类，对4个品种茶树设置了相应的温度等级和持续时间（小时、天），开展茶叶生理指标（植株光合特性、抗氧化酶活性、相对电导率等）测定，同期观测叶片受灾的形态变化，并设置了常规条件下的对照（CK）试验。

## 2.2 茶叶霜冻害监测预警影响评估模型

### 2.2.1 茶树霜冻害等级标准

（1）生理生化指标变化

低温可以破坏细胞膜系统，使细胞膜的通透性增大，导致细胞内电解质渗出量增加，因此，细胞膜的通透性变化可显示细胞膜结构和功能受损程度，是用来反映细胞膜伤害程度的一个重要指标。在动态低温处理下，4种茶树叶片相对电导率的变化较一致，随温度降低均呈现升高趋势。参照茶树自然生长条件，茶树霜冻试验设置4组动态低温处理，分别为15℃/3℃、12℃/2℃、10℃/1℃、10℃/0℃，其中各设置组较高温度维持12 h，较低温度持续4 h。4个品种茶树叶片相对电导率值较低，其中乌牛早和福鼎大白茶的相对电导率均低于10%，而在10℃/−1℃和10℃/−2℃时4个品种茶树叶片的相对电导率显著升高，以龙井43号和鸠坑为最大。4个品种茶树细胞伤害率的变化与相对电导率的变化趋势相似，在10℃/−1℃处理时细胞伤害率发生明显变化，表明此时茶树芽叶细胞已经受到严重危害，10℃/−2℃处理下芽叶细胞伤害率较 10℃/－1℃处理下显著上升(图 2.1)。

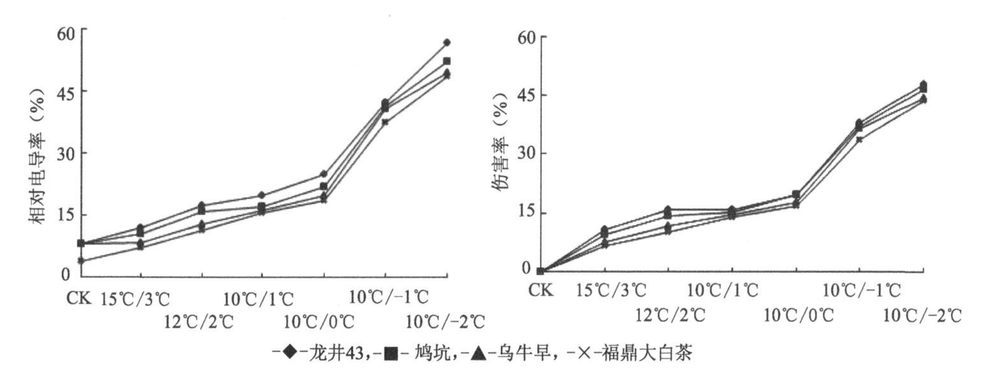


图 2.1　动态低温处理下 4 种茶树叶片相对电导率和细胞伤害率的变化

电解质渗出率与温度之间呈“S”形曲线变化,曲线的拐点温度可认为是引起细胞膜不可逆伤害的临界点,可用来确定植物组织的半致死温度。Logistic 函数是一个典型的“S”形曲线,应用 Logistic 函数来确定各品种茶树的半致死温度。把茶树试验数据带入公式,分别计算得出各品种的 Logistic 方程参数。不同品种茶树在低温胁迫条件下的半致死温度从低到高依次是:福鼎大白茶(－1.5℃)、乌牛早(－1.3℃)、鸠坑(－1.2℃)、龙井 43(－0.7℃)(表 2.1)。

Logistic 方程:

$$\hat{y} = \frac{k}{1 + a\mathrm{e}^{-bx}} \tag{2.1}$$

式中,$\hat{y}$ 为电解质渗出率(%),$x$ 为温度(℃),$a$,$b$,$K$ 为待定参数。

**表 2.1　4 种茶树 Logistic 方程参数表和半致死温度**

| 品种 | $a$ | $b$ | $K$ | 决定系数 $r^2$ | 半致死温度(℃) |
|---|---|---|---|---|---|
| 龙井 43 | 1.42 | －0.515 | 100 | 0.936 | －0.7 |
| 乌牛早 | 1.99 | －0.523 | 100 | 0.945 | －1.3 |
| 鸠坑 | 1.76 | －0.491 | 100 | 0.933 | －1.2 |
| 福鼎大白茶 | 2.21 | －0.538 | 100 | 0.958 | －1.5 |

(2)霜冻指标修订和验证

①指标修订

受北方较强冷空气影响,2013 年 3 月 15 日和 4 月 7 日浙江省各地出现了 7℃左右的降温,中北部大部地区最低气温不足 4℃,部分地区降至 0℃以下,正值采收期的春茶芽受冻严重(图 2.2)。统计茶园逐小时的最低气温数据,得到茶园 4℃以下低温基本都在夜间,0℃以下低温在午夜之后,极端最低气温出现在清晨。3 月 15 日冷空气影响地区主要在浙北,14 日 21 时开始,御茶村、明山、横岭、径山的最低气温≤4℃,至 15 日 07 时左右达到最低值。统计最低气温 0℃以下持续时间,横岭 10 小时,径山 9 小时,御茶村 6 小时,明山 2 小时。图 2.2b 为 4 月 7 日冷空气带来的最低气温变化过程。4 月浙江各地气温较高,6 日 20 时各站最低气温为 6～9℃。但由于夜间晴空散射辐射强烈,气温下降明显,23 时开始茶园最低气温低于 4℃,01 时开始部分茶园气温低于 0℃。影响最明显的为横岭和径山,极端最低气温分别为－2.3℃和－1.6℃,最低气温 0℃以下持续时间为 7 小时和 5 小时;其次是苏庄,极端最低气温为

−0.6℃,0℃以下最低气温持续时间为 3 小时。御茶村、大木山和明山所受影响相对较轻,夜间最低气温在 0～4℃,持续小时数分别为 10 小时、5 小时和 4 小时。

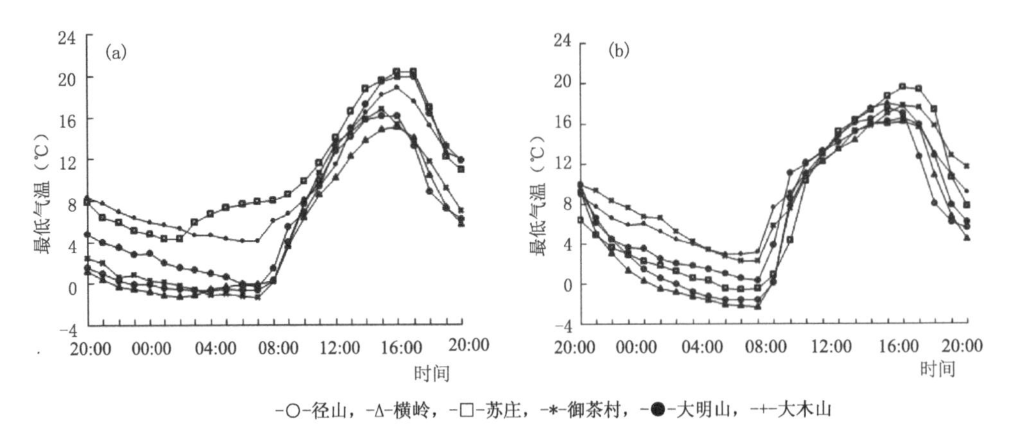


图 2.2 2013 年茶园最低气温日变化 a.3 月 15 日;b.4 月 7 日

在此之前,茶叶霜冻害仅以日最低气温作为唯一指标,等级划分为轻度、中度和重度三级。在开展茶叶霜冻害监测评估时,往往出现监测结果与实际灾情不吻合,有时差异较大。鉴于此,在人工低温胁迫控制试验的基础上,结合典型年份茶叶霜冻害灾情,以及 2013 年 3 月和 4 月的两次霜冻害发生过程中茶园小气候观测站逐小时的气象数据,对原有指标进行修订,提出了新的茶树霜冻害等级标准。新的茶树霜冻害等级指标包括三部分的内容:气象指标、茶树受害症状、新梢芽叶受害率。标准等级统一划分为四级,分别为轻度、中度、重度和特重,当判定霜冻等级不一致时,按照等级高的确定(表 2.2)。

**表 2.2 茶树霜冻害等级指标**

| 霜冻等级 | 气象指标 | 茶树受害症状 | 新梢芽叶受灾率 |
|---|---|---|---|
| 轻度 | $2 \leqslant Th_{min} < 4$ 且 $H \geqslant 4$ 或 $0 \leqslant Th_{min} < 2$ 且 $2 \leqslant H < 4$ | 新梢芽或叶受冻变褐色、略有损伤,嫩叶出现“麻点”、“麻头”、边缘变紫红、叶片呈黄褐色 | <20% |
| 中度 | $0 \leqslant Th_{min} < 2$ 且 $H \geqslant 4$ 或 $-2 \leqslant Th_{min} < 0$ 且 $H < 4$ | 新梢芽或叶受冻变褐色,叶尖发红,并从叶缘开始蔓延到叶片中部,茶芽不能展开,嫩叶失去光泽、芽叶枯萎、卷缩 | 20%～50% |
| 重度 | $-2 \leqslant Th_{min} < 0$ 且 $H \geqslant 4$ 或 $Th_{min} < -2$ 且 $H < 4$ | 新梢芽或叶受冻变暗褐色,叶片卷缩干枯,叶片易脱落 | 50%～80% |
| 特重 | $Th_{min} < -2$ 且 $H \geqslant 4$ | 新芽叶尖或叶尖受冻全变褐色、芽叶成片焦枯;新梢和上部枝梢干枯,枝条表皮裂开 | ≥80% |

注:$Th_{min}$ 为小时最低气温(℃);$H$ 为满足 $Th_{min}$ 持续的小时数(h);$Th_{min}$ 和 $H$ 均为一日内统计值,即前一日 20 时至当日 20 时出现的数值。

②指标验证

基于 2013 年两次低温过程茶园逐小时最低气温变化情况,分别应用茶树霜冻害新旧标准计算结果与茶园灾情实况进行对比。3 月 15 日,应用新标准,6 个茶园监测结果与实际灾情完全一致,精准度 100%;应用原有标准,则绍兴 2 个茶园各相差一个等级,精准度 67%;4 月 7 日,应用新标准,仅嵊州明山 1 个茶园灾情偏轻一个等级,精确度 83%;应用原有标准,只有 2

个茶园霜冻等级与实际一致，其余 4 个茶园或偏轻或偏重，吻合率仅为 33%。很显然，修订后的茶树霜冻气象指标更能客观地反映低温过程对茶叶的影响程度，可以更精确地判定茶园受灾情况（表 2.3）。

表 2.3　2013 年浙江省茶树春霜冻等级验证

| 茶园地点 | 3 月 15 日 | | | 4 月 7 日 | | |
|---|---|---|---|---|---|---|
| | 实况等级 | 新标准等级 | 原标准等级 | 实况等级 | 新标准等级 | 原标准等级 |
| 绍兴御茶村 | 重度 | 重度 | 中度 | 中度 | 中度 | 中度 |
| 绍兴明山 | 中度 | 中度 | 重度 | 中度 | 轻度 | 轻度 |
| 湖州横岭 | 重度 | 重度 | 重度 | 特重 | 特重 | 重度 |
| 杭州径山 | 重度 | 重度 | 重度 | 重度 | 重度 | 重度 |
| 衢州苏庄 | 无 | 无 | 无 | 中度 | 中度 | 重度 |
| 丽水大木山 | 无 | 无 | 无 | 轻度 | 轻度 | 中度 |

### 2.2.2　茶树霜冻害精细化监测预警模型

根据浙江省地方标准（DB33/T 995—2015），茶树霜冻害等级指标包括三部分的内容：气象指标、茶树受害症状和新梢芽叶受害率。其中，气象指标是指春茶新梢生长期间每天的小时最低气温和持续小时数。茶树霜冻害等级划分为四级，即轻度霜冻、中度霜冻、重度霜冻和特重霜冻。基于此，应用乡镇级小时最低气温观测数据，借助 GIS 技术，建立了乡镇级的茶叶霜冻害精细化监测模型。

标准中规定气象指标是小时最低气温，实际多模式集成预报（OCF）预报数据最低气温只有日值，尚无小时值。参照茶树霜冻害等级地方标准，结合预报产品以及茶叶生产实际，确定茶叶霜冻害预警气象指标为日最低气温，标准分为轻度、中度、重度和特重四级（表 2.4）。融合 OCF 预报数据，建立霜冻害精细化预警模型，空间上以乡镇和 5 km 网格为单元，预警时效为 8 天。

表 2.4　茶叶霜冻害预警等级划分标准

| 预警等级 | 气象指标 | 茶树受害症状 | 芽叶受害率 |
|---|---|---|---|
| 轻度 | $2<T_{min}\leqslant 4$℃ | 新梢芽或叶受冻变褐色、略有损伤，嫩叶出现“麻点”、“麻头”、边缘变紫红、叶片呈黄褐色。 | <20% |
| 中度 | $0<T_{min}\leqslant 2$℃ | 新梢芽或叶受冻变褐色，叶尖发红，并从叶缘开始蔓延到叶片中部，茶芽不能展开，嫩叶失去光泽、芽叶枯萎、卷缩。 | 20%～50% |
| 重度 | $-2<T_{min}\leqslant 0$℃ | 新梢芽或叶受冻变暗褐色，叶片卷缩干枯，叶片易脱落。 | 50%～80% |
| 特重 | $T_{min}\leqslant -2$℃ | 新芽叶尖或叶尖受冻全变褐色、芽叶成片焦枯；新梢和上部枝梢干枯，枝条表皮裂开。 | ≥80% |

注：$T_{min}$为日最低气温（℃）。

### 2.2.3　茶树霜冻害影响评估模型

基于茶树生物学特性，结合霜冻害等级指标以及灾情实况等信息，筛选出茶叶霜冻害的致灾因子，进行指标数据标准化处理，建立茶叶霜冻害评价指数模型，用以定量评估一次霜冻害过程对茶叶生产的影响。

(1)致灾因子

当日最低气温≤4℃时,定义其前一天为霜冻害过程开始;当日最低气温≥4℃时,为霜冻害过程结束,以此定义一次霜冻过程。综合考虑茶叶生产实际、霜冻灾情和同期气象数据,筛选出茶叶霜冻害的4个致灾因子,即过程最低气温、有害负积温、持续小时数和过程降温幅度。

①过程最低气温:定义为一次过程期间出现的最低气温值。

②持续小时数:定义为一次过程期间满足小时最低气温低于临界空气温度(≤4℃)的小时数的累加值。

③有害负积温(积寒):定义为一次过程期间满足低于临界空气温度的气温累积。采用近似公式(见下式)求出:

$$X_{过程} = \int_{i=1}^{i=n}\int_{t=0}^{t=24}[T_c - T(t)]\mathrm{d}t\mathrm{d}i$$

$$= \frac{1}{4}\sum\nolimits_{i=1}^{n}(T_c - T_{\min i})^2/((T_{m i} - T_{\min}) \quad (2.1)$$

式中,$X_{过程}$为过程有害负积温(积寒)(℃·d),$i$为过程持续的日数,$T_{\min i}$为日最低气温(℃),$T_{m i}$为日平均气温(℃),$T_c$为茶树霜冻害的临界空气温度。$T(t)$为瞬时空气温度(℃)。

④过程降温幅度:定义为一次过程前48小时至过程结束出现的日平均气温的下降幅度。

(2)标准化处理

对4个致灾因子的原始值进行数据的标准化处理,计算公式见式(2.2)。

$$X_i = \frac{x_i - \overline{x}}{\sqrt{\sum_{k=1}^{n}(x_i - \overline{x})^2/n}} \quad (2.2)$$

式中,$X_i$为某个致灾因子第$i$过程的标准化值;$x_i$为某个致灾因子第$i$过程的原始值;$x$为相应致灾因子的多年$n$次过程的平均值;$n$为总过程数(一般不应少于30个过程)。

(3)茶树霜冻害指数

应用加权指数求和法,建立基于4个致灾因子标准化处理后的茶叶霜冻害指数模型。计算公式如下:

$$CI = \sum_{j=1}^{4} a_j X_j \quad (2.3)$$

式中,$CI$为茶树霜冻害指数;$a_j$为致灾因子的权重影响系数,可由主成分分析法或层次分析等方法求得;$X_j$为致灾因子;其中$j=1,2,3,4$时分别代表:$X_1$为过程最低气温;$X_2$为有害负积温;$X_3$为持续小时数;$X_4$为过程降温幅度。

### 2.2.4 个例分析

(1)霜冻精细化监测

2016年3月初浙江省以多云天气为主,气温明显升高。根据气象资料分析,3月1—7日浙江省平均气温为14.5℃,较常年偏高5.5℃。受北方强冷空气影响,8日开始出现明显降温降水。8日浙中北地区出现中到大雨,部分暴雨。9日夜里至10日白天山区半山区出现雨夹雪或雪,气温明显下降。11日早晨最低气温浙中北地区−1~1℃,部分山区−3~−1℃,浙南地区0~2℃,高海拔山区更低,其中临安天目山−7.1℃、金华北山−7.4℃、龙泉披云山

－7.6℃、龙泉凤阳山－7.7℃、遂昌白马山－7.7℃、临海括苍山－8.5℃。日平均气温过程降温幅度浙北地区 10～12℃，浙中南地区 12～14℃（图 2.3）。

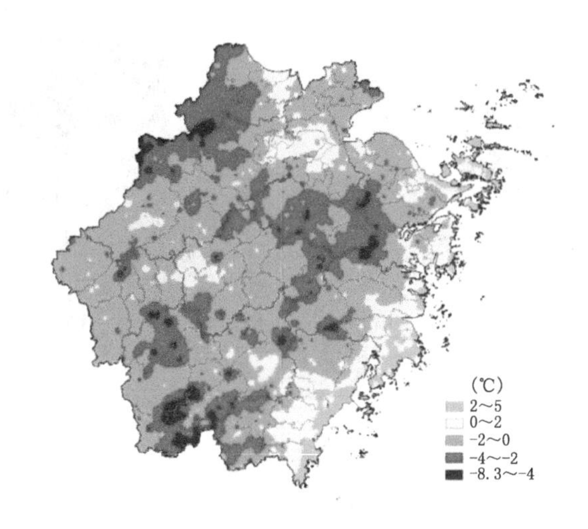


图 2.3　浙江省 2016 年 3 月 11 日最低气温分布图

基于浙江省各中尺度自动气象观测站逐日的实时气象数据，应用新修订的茶树霜冻害等级标准，开展以乡镇为单元、以日为时间尺度的茶树早春霜冻害的监测。监测结果表明，从 3 月 9 日开始，浙江省各地陆续出现不同程度的霜冻灾害。其中，10 日，全省灾害等级以轻度和中度为主，浙西北以及浙中大部为中度，少部分高海拔山区出现了重度甚至特重等级；11 日，冷空气加强且影响范围扩大，除沿海一带为轻度外，大部地区霜冻等级为重度—特重，高海拔山区临安天目山、金华北山、龙泉披云山、龙泉凤阳山、遂昌白马山、临海括苍山等为特重，部分平原地区为中度，且浙北、浙中地区影响程度高于浙南；12 日，冷空气逐渐减弱，重度或特重霜冻主要发生在浙北，浙中南基本为中度，山区为重度或特重。此次冷空气影响时段主要在 10—12 日，11 日气温最低，茶叶霜冻害也最为严重，影响范围最大，几乎覆盖浙江全省（图 2.4）。

（2）霜冻精细化预警

基于茶树霜冻害等级指标，集成精细化数值预报产品信息，开展以乡镇为单元、以日为时间尺度的茶叶早春霜冻害的预警。根据天气预报结果，3 月 5 日开始有冷空气影响趋势，预计 3 月 10 日前后出现霜冻的可能性很大。从 3 月 5 日起，应用每日 20 时起报的乡镇预报资料对茶叶霜冻害进行逐日滚动预警。图 2.5 为 3 月 5—10 日预报的 3 月 11 日的霜冻害等级空间分布图。如图所示，随着预报时效的缩短，预报 11 日霜冻危害等级逐渐加重，影响范围逐渐加大，且由西北向东南扩大的趋势越来越明显。从危害程度上看，5 日预测的 11 日霜冻等级大部地区为中度，安吉天目山、临安大明山、金华北山、龙泉凤阳山等山区为重度；8 日预测结果也表明大部地区为中度等级；与 5 日预报结果相比，6 日略有减轻，6 日大部地区为轻度；但 7 日开始预报 11 日霜冻害等级逐渐加重，7 日预报大部地区为轻度到中度，8 日预报大部地区为中度，9 日预报大部地区为中度到重度，10 日预报大部地区为重度，部分山区最高等级特重。值得注意的是，6 日和 7 日发布的预警结果，影响程度相对于 5 日有减轻趋势。原因是预报的不确定性，加之有些区域存在漏报或空报的现象，从而导致部分地区预警结果与实际存在一定偏差。但是，临近预报在冷空气影响趋势上的把握却越来越准确，霜冻预警结果的影响范围和

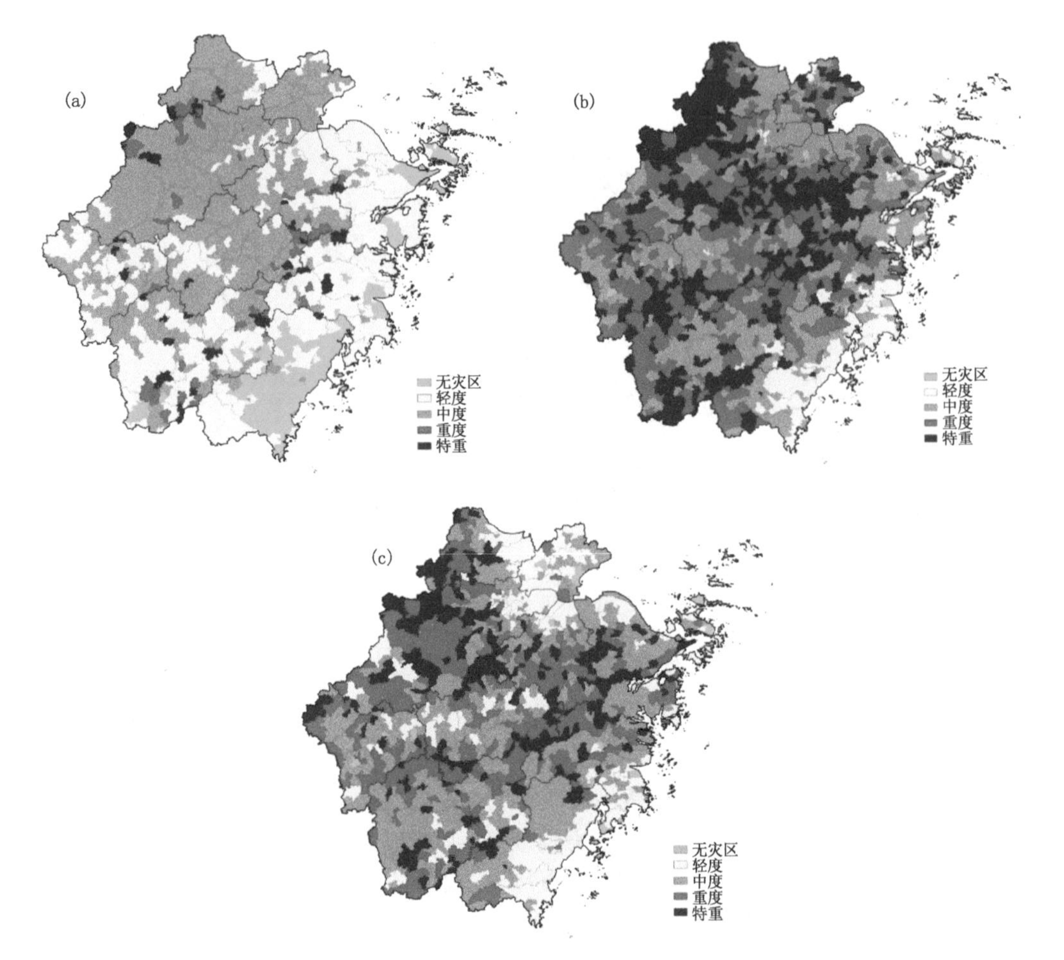


图 2.4 3月上旬末茶树早春霜冻监测结果空间分布图
（a. 3 月 10 日；b. 3 月 11 日；c. 3 月 12 日）

程度的变化趋势与实况比较接近，基本反映了冷空气过程影响下霜冻害的时空分布特征。

(3)霜冻影响评估

2016 年 3 月上旬末浙江省出现寒潮天气，8—12 日平均气温过程降温幅度达 10～14℃，11 日大部地区最低气温在 0℃以下，茶园普遍受冻。应用霜冻评价指数，对“3.11”霜冻害过程开展茶叶霜冻害等级评价。

①致灾因子空间分布

结合浙江省 2063 个自动站逐日和逐小时的气温观测资料，分析“3.11”霜冻过程中 4 个致灾因子的空间分布情况：过程最低气温，浙中北为－4～－2℃，浙南为 0～2℃，高海拔山区更低，如大明山－8.0℃、台州华顶－7.9℃、丽水凤阳山－7.7℃、金华北山－7.4℃。小时最低气温低于 4℃的持续小时数，浙江省大部地区为 40～60 小时，高海拔地区为 80 小时左右，超过 100 小时的有临安开山 108 小时、台州华顶 104 小时、杭州大明山和金华北山 103 小时、安吉天池 102 小时等。而东南沿海一带持续时间相对较短，为 10 小时左右。有害负积温，大部地区为 100～300℃ · d，高值区位于高海拔地区，最大值为杭州明山 625.1℃ · d，东南沿海一带

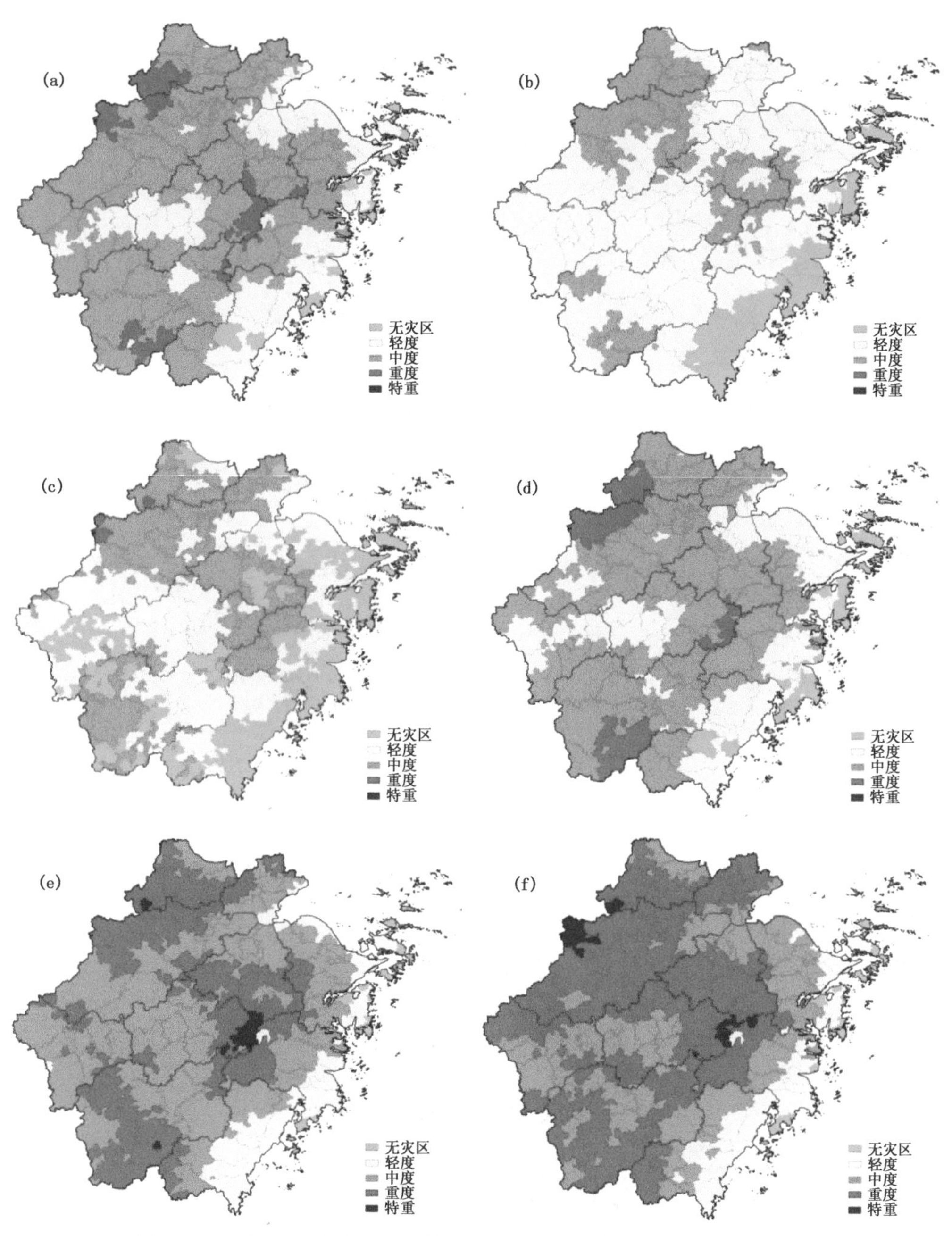


图 2.5　3 月 11 日茶叶霜冻预警(a～f 发布时间依次为 3 月 5—10 日)

为低值区,为 50℃·d 左右。过程降温幅度,高值区主要位于丽水、金衢盆地以及杭州西北部等地,平均为 18℃左右。宁绍台、湖州地区为 12℃左右,而东南沿海一带相对较低,平均为 4℃(图 2.6)。

②霜冻害影响等级评估

统计分析“3.11”霜冻害过程的致灾因子值,计算茶叶霜冻害指数。由图 2.7 所知,除沿海一带,浙江省各地均出现不同程度的霜冻灾害,山区更为严重。据统计,重度受灾乡镇比例最

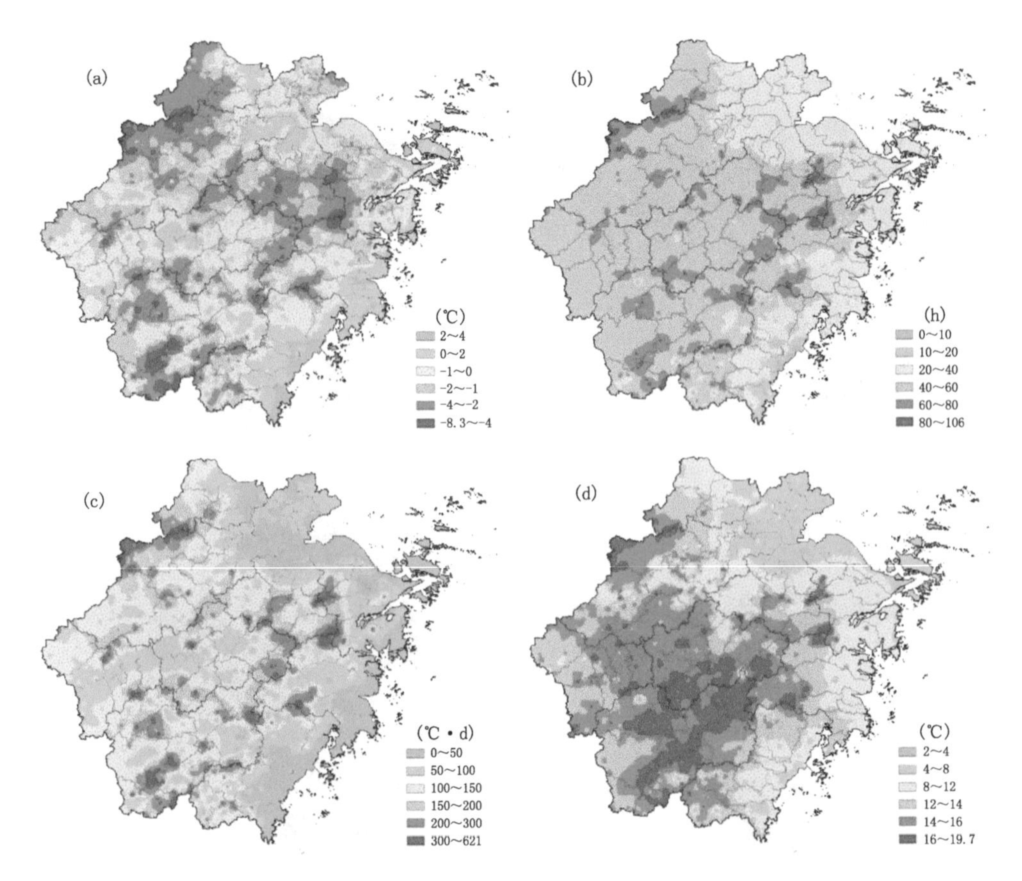


图 2.6　2016 年 3 月中上旬茶树霜冻害致灾因子空间分布

(a. 过程最低气温;b. 持续小时数;c. 有害负积温;d. 过程降温幅度)

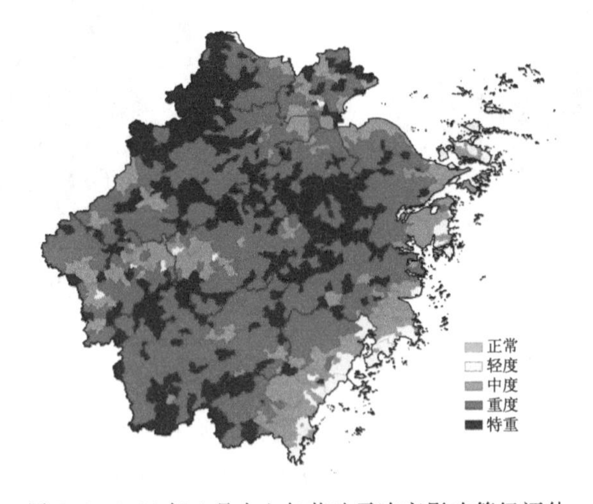


图 2.7　2016 年 3 月中上旬茶叶霜冻害影响等级评估

高,为 47.0%,主要集中在浙北和浙中大部以及丽水地区。其次是特重受灾乡镇比例,为 25.2%,如安吉、临安、嵊州、新昌、磐安、遂昌、庆元等山区为特重级。中度和轻度受灾乡镇比例相对较低，分别为20.6%、7.2%，主要位于东南沿海一带。低温霜冻，对浙中南部正处于采收期的乌牛早、龙井43等早生种茶叶造成严重危害。浙北杭州、绍兴等地已经萌动的茶芽也出现芽头枯黄等现象，造成春茶开采期推迟，降低了早期春茶产量和品质，严重影响了茶叶生产经济效益。据有关部门统计，浙江省约有一半面积的茶园遭受霜冻害，春茶全面开采推后10天以上，产量减少约3成，损失近18亿元。

## 2.3 早稻高温逼熟气象灾害监测预警模型

在早稻灌浆成熟期(6月下旬至7月上旬)，若持续出现高温天气，籽粒灌浆进程加快，缩短灌浆时间，最终导致籽粒灌浆不充分而降低产量。结合生产实际，以日平均气温和日最高气温为指标，考虑其持续日数，确定早稻高温逼熟气象指标，灾害统一划分为轻度、中度、重度三个等级。具体如表2.5所示。

**表2.5 早稻高温逼熟气象指标等级**

| 等级 | 气象指标 |
|---|---|
| 轻度 | $T_{ave} \geqslant 30℃$ 且 $T_{max} \geqslant 35℃$，$6 > D \geqslant 3$ |
| 中度 | $T_{ave} \geqslant 30℃$ 且 $T_{max} \geqslant 35℃$，$9 > D \geqslant 6$ |
| 重度 | $T_{ave} \geqslant 30℃$ 且 $T_{max} \geqslant 35℃$，$D \geqslant 9$ |

注：表中 $T_{ave}$ 日平均气温，$T_{max}$ 日最高气温，$D$ 持续日数。下同。

基于早稻高温逼熟气象指标等级，应用区域自动气象站的日气温观测数据，建立乡镇级的早稻高温逼熟精细化监测模型；结合精细化天气预报数据，建立早稻高温逼熟精细化预警模型，空间分辨率以乡镇或5 km网格为单元，预警时效为8天。

## 2.4 晚稻秋季低温气象灾害监测预警模型

### 2.4.1 指标模型

秋季低温主要影响水稻扬花授粉进程，降低结实率，导致空壳率增多，影响最终产量。根据不同品种晚稻对低温条件的响应，以日平均气温和持续日数作为粳稻、籼稻的秋季低温气象指标，将指标统一划分为轻度、重度两个等级(表2.6)。

**表2.6 晚稻秋季低温气象指标等级**

| 品种 | 影响时间 | 等级 | 气象指标 |
|---|---|---|---|
| 籼稻 | 8月25日至9月20日 | 轻度 | $T_{ave} \leqslant 22℃$，$D=2$ |
| | | 重度 | $T_{ave} \leqslant 22℃$，$D \geqslant 3$ |
| 粳稻 | 9月 | 轻度 | $T_{ave} \leqslant 20℃$，$D=2$ |
| | | 重度 | $T_{ave} \leqslant 20℃$，$D \geqslant 3$ |

基于晚稻秋季低温气象指标等级，应用区域自动气象站的日气温观测数据，建立乡镇级的晚稻(籼稻、粳稻)秋季低温精细化监测模型；结合精细化天气预报数据，建立(籼稻、粳稻)秋季

低温精细化预警模型，空间分辨率以乡镇或 5 km 网格为单元，预警时效为 8 天。

### 2.4.2 个例分析

受北方冷空气影响，2015 年 9 月 13—15 日浙江省大部地区出现小阵雨，气温明显下降，过程最低气温杭州、湖州、衢州、绍兴、宁波等地为 15～17℃，丽水、金华为 18℃左右。除温州、台州沿海地区外，大部地区出现 3 天日平均气温≤22℃的秋季低温，对正处于抽穗扬花期的籼型水稻有不利影响；浙西南和浙西等山区出现 2～3 天日平均气温≤20℃的秋季低温，对部分正处于抽穗扬花期的粳型水稻有不利影响(图 2.8)。秋季低温主要影响水稻扬花授粉进程，降低结实率，导致空壳率增多，影响最终产量。2015 年 9 月浙江省大部分水稻已经进入灌浆期，部分处于抽穗扬花期，此次秋季低温过程，影响较轻；但阴雨天气加重晚稻病害发生，局部发生偏重。

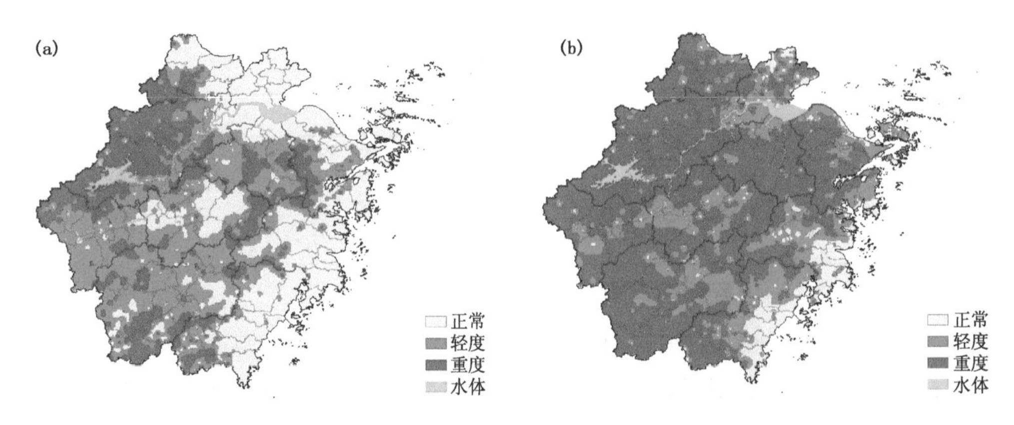


图 2.8 浙江省 9 月 15 日粳稻(a)和籼稻(b)秋季低温等级分布图

## 2.5 柑橘冻害气象灾害监测预警模型

柑橘是浙江省主要经济作物之一，柑橘冻害是指在越冬期间(12 月至次年 2 月)因低温造成的植株伤害，是柑橘生产上最主要的气象灾害，受冻后易导致落叶、树梢和主干甚至全树死亡。根据柑橘对冻害条件的响应，结合生产实际，以日最低气温为指标，将灾害等级统一划分为轻度、中度、重度和特重四个等级(表 2.7)。

表 2.7 柑橘冻害气象指标等级

| 等级 | 气象指标 |
| --- | --- |
| 轻度 | $-7 \leqslant T_{\min} < -5$ |
| 中度 | $-9 \leqslant T_{\min} < -7$ |
| 重度 | $-11 \leqslant T_{\min} < -9$ |
| 特重 | $T_{\min} < -11$ |

基于柑橘冻害气象指标等级，应用区域自动气象站的日气温观测数据，建立乡镇级的柑橘冻害精细化监测模型；结合精细化天气预报数据，建立柑橘冻害精细化预警模型，空间分辨率以乡镇或 5 km 网格为单元，预警时效为 8 天。

# 第3章 农用天气预报

农用天气预报是在天气预报、气候预测的基础上，对天气、气候预测预报产品在农业生产活动中的解释和应用。考虑当地农业生产对象、农事活动对天气条件的要求，以及这些天气条件对当地农业生产对象、农事活动可能产生的利弊影响，及时提供措施和建议，以充分利用有利天气，避免不利天气的影响。

## 3.1 技术方法

农用天气预报以前期天气条件、作物发育期和中、长期天气预报为基础，预测未来作物发育期及期间的天气条件，紧扣作物生长发育和农事活动，预估未来关键农时季节天气条件的利弊及其影响程度。在GIS技术的支持下，制作未来农业生产管理措施、农事活动趋利避害的区域图，通过业务平台、网络等途径，发布业务服务产品。

农用天气预报关键技术主要包括三方面内容：(1)建立基础数据库，利用SQL Server数据库管理器，对历史和实时的气象观测数据、作物发育期资料、数值天气预报产品以及农事活动等统计数据进行解析、入库，为指标筛选和模型构建奠定数据基础；(2)构建农用天气预报模型，以农作物生长发育特性和农事活动实际为基础，耦合期间农业气象条件，筛选出适宜作物生长发育、农事活动开展的农业气象指标。结合农业气象条件评价模型、作物发育期预报模型、农业气象灾害监测预警模型等，对未来气象条件对作物生长发育和农事活动的影响利弊程度进行分等定级，统一划分为1～3级，分别为适宜、较适宜和不适宜；(3)制作专题服务产品，基于站点或格点的定量化农用天气预报结果，采用GIS技术，制作浙江省农用天气预报空间分布图，结合未来天气气候趋势，提出趋利避害的农事建议，形成农用天气预报专题服务产品(图3.1)。

## 3.2 指标模型

结合浙江省农业生产实际，以大宗作物(水稻、油菜)、经济作物(茶叶、杨梅、柑橘)为对象，根据作物发育期和农事活动时间，建立相应的农用天气预报指标模型。

### 3.2.1 春茶采摘期农用天气预报模型

茶叶采摘与气象条件密切相关。若早春气温正常偏高，则当年春茶开采较常年略微提前，气温较低则向后推迟。此外，茶叶采摘也需要关注当天及未来的天气情况。通常情况下，鲜叶采摘宜在清晨日出前后进行，此时气温较低、湿度较大，有利于保持鲜叶和新梢嫩芽的持嫩性。雨天或高温天气，鲜叶不宜采摘，否则影响茶叶质量。基于茶叶生物学特性和生产现状，筛选出影响茶叶采摘的关键气象因子，以日降水量作为茶叶采摘气象指标。通过分析气象条件的

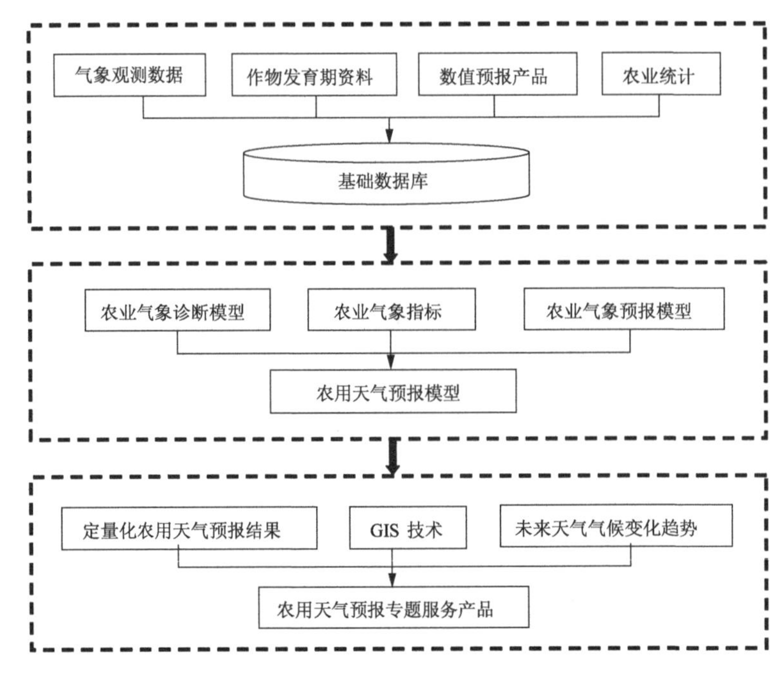


图 3.1 农用天气预报技术流程

变化对茶叶采摘的影响程度，对茶叶采摘气象指标进行分等定级。指标如表 3.1 所示。

**表 3.1 春茶采摘期农用天气预报指标**

| 作物 | 关键农事活动 | 时间 | 指标等级 |
|---|---|---|---|
| 茶叶 | 采摘 | 2 月 1 日至 10 月 30 日 | 1 级：无降雨<br>2 级：10mm＞日雨量＞0mm<br>3 级：日雨量≥10mm |

根据春茶采摘期农用天气预报指标，构建春茶采摘农用天气预报模型：

$$Y=F(R) \tag{3.1}$$

式中，$Y$ 为春茶采摘农用天气适宜程度（$Y=1$、2、3，分别代表适宜、较适宜、不适宜），$R$ 为日降水量(mm)。结合精细化预报信息，可建立空间分辨率为乡镇单元或 5 km 网格、预警时效达 8 天的春茶采摘期农用天气预报模型。

### 3.2.2 早稻播种期农用天气预报模型

浙江省早稻种植主要在中南部，北部也有少量种植，播种一般于 3 月下旬开始、4 月中旬结束。期间气温条件直接影响播种的适宜程度。为此，以日平均气温及其持续日数为指标（表 3.2），构建早稻播种期农用天气预报模型。

**表 3.2 早稻播种期农用天气预报指标**

| 作物 | 关键农事活动 | 时间 | 指标等级 |
|---|---|---|---|
| 早稻 | 播种 | 3 月 21 日至 4 月 20 日 | 1 级：日平均气温≥10℃，且持续 3 天<br>2 级：1 级与 3 级以外气象条件<br>3 级：日平均气温＜10℃，且持续 3 天 |

早稻播种期农用天气预报模型为：

$$Y=F(T_{ave},D) \tag{3.2}$$

式中，$Y$ 为早稻播种农用天气适宜程度（$Y$=1、2、3，分别代表适宜、较适宜、不适宜），$T_{ave}$ 为日平均气温（℃），$D$ 为持续日数（d）。结合精细化预报信息，可建立空间分辨率为乡镇单元或5 km网格、预警时效达8天的早稻播种期农用天气预报模型。

### 3.2.3 油菜收割期农用天气预报模型

油菜收割期对降水天气比较敏感，晴好天气对油菜收割有利。以日降水量为指标，结合生产时间，对指标进行等级划分（表3.3），建立油菜收割期农用天气预报模型。

表3.3 油菜收割期农用天气预报指标

| 作物 | 关键农事活动 | 时间 | 指标等级 |
|---|---|---|---|
| 油菜 | 收割 | 5月1—31日 | 1级：无降雨<br>2级：10mm＞日降水量＞0mm<br>3级：日降水量≥10mm |

油菜收割期农用天气预报模型为：

$$Y=F(R) \tag{3.3}$$

式中，$Y$ 为油菜收割农用天气适宜程度（$Y$=1、2、3，分别代表适宜、较适宜、不适宜），$R$ 为日降水量（mm）。结合精细化预报信息，可建立空间分辨率为乡镇单元或5 km网格、预警时效达8天的油菜收割期农用天气预报模型。

### 3.2.4 杨梅采摘期农用天气预报模型

降水天气对杨梅采摘及产量影响较大，若降水过程明显，可能导致杨梅不能及时采摘甚至落果。因此，以日降水量为指标，结合生产实际，对指标进行等级划分（表3.4），构建杨梅采摘农用天气预报模型。

表3.4 杨梅采摘期农用天气预报指标

| 作物 | 关键农事活动 | 时间 | 指标等级 |
|---|---|---|---|
| 杨梅 | 采摘 | 6月11—30日 | 1级：无降雨<br>2级：10mm＞日降水量＞0mm<br>3级：日降水量≥10mm |

杨梅采摘期农用天气预报模型为：

$$Y=F(R) \tag{3.4}$$

式中，$Y$ 为杨梅采摘农用天气适宜程度（$Y$=1、2、3，分别代表适宜、较适宜、不适宜），$R$ 为日降水量（mm）。结合精细化预报信息，可建立空间分辨率为乡镇单元或5 km网格、预警时效达8天的杨梅采摘期农用天气预报模型。

### 3.2.5 早稻收割期农用天气预报模型

早稻收割对降水天气敏感，晴好天气对早稻收割、晾晒有利。以日降水量为指标，结合生产实际，对指标进行等级划分（表3.5），构建早稻收割期农用天气预报模型。

**表 3.5　早稻收割期农用天气预报指标**

| 作物 | 关键农事活动 | 时间 | 指标等级 |
|---|---|---|---|
| 早稻 | 收割 | 7 月 15 日至 8 月 5 日 | 1 级：无降雨<br>2 级：10mm＞日降水量＞0mm<br>3 级：日降水量≥10mm |

早稻收割期农用天气预报模型为：

$$Y=F(R) \tag{3.5}$$

式中，$Y$ 为早稻收割农用天气适宜程度（$Y=1$、2、3，分别代表适宜、较适宜、不适宜），$R$ 为日降水量（mm）。结合精细化预报信息，可建立空间分辨率为乡镇单元或 5 km 网格、预警时效达 8 天的早稻收割期农用天气预报模型。

### 3.2.6　秋收冬种农用天气预报模型

秋收冬种主要指晚稻收割、油菜和小麦播种等农事活动，对降水天气敏感。以日降水量为指标，结合生产实际，对指标进行等级划分（表 3.6），构建秋收冬种农用天气预报模型。

**表 3.6　秋收冬种农用天气预报指标**

| 关键农事活动 | 时间 | 指标等级 |
|---|---|---|
| 秋收冬种 | 9 月 20 日至 11 月 30 日 | 1 级：无降雨<br>2 级：10mm＞日降水量＞0mm<br>3 级：日降水量≥10mm |

秋收冬种农用天气预报模型为：

$$Y=F(R) \tag{3.6}$$

式中，$Y$ 为秋收冬种农用天气适宜程度（$Y=1$、2、3，分别代表适宜、较适宜、不适宜），$R$ 为日降水量（mm）。结合精细化预报信息，可建立空间分辨率为乡镇单元或 5 km 网格、预警时效达 8 天的秋收冬种期农用天气预报模型。

### 3.2.7　柑橘采摘和储运农用天气预报模型

柑橘采摘对降水天气敏感，而储运对气温条件敏感。为此，以日降水量为指标，建立柑橘采摘农用天气预报模型；以旬平均气温为指标，建立柑橘储运农用天气预报模型（表 3.7）。

**表 3.7　柑橘采摘和储运农用天气预报指标**

| 作物 | 关键农事活动 | 时间 | 指标等级 |
|---|---|---|---|
| 柑橘 | 采摘 | 10 月中旬至次年 1 月 | 1 级：无降雨<br>2 级：10mm＞日降水量＞0mm<br>3 级：日降水量≥10mm |
| | 储运 | 2—4 月 | 1 级：5℃≤旬平均气温≤11℃<br>2 级：11℃＜旬平均气温＜15℃<br>3 级：旬平均气温≥15℃ |

柑橘采摘期农用天气预报模型为：

$$Y_1 = F(R) \tag{3.7}$$

式中，$Y_1$ 为柑橘采摘农用天气适宜程度（$Y_1=1$、2、3，分别代表适宜、较适宜、不适宜），$R$ 为日降水量(mm)。结合精细化预报信息，可建立空间分辨率为乡镇单元或 5 km 网格、预警时效达 8 天的柑橘采摘期农用天气预报模型。

柑橘储运农用天气预报模型为：

$$Y_2 = F(T_{ave'}) \tag{3.8}$$

式中，$Y_2$ 为柑橘储运农用天气适宜程度（$Y_2=1$、2、3，分别代表适宜、较适宜、不适宜），$T_{ave'}$ 为旬平均气温(℃)。结合精细化预报信息，可建立空间分辨率为乡镇单元或 5 km 网格、预警时效达 8 天的柑橘储运农用天气预报模型。

# 第4章　农业气象定量评价技术

基于农业气象观测和田间试验以及大田调查数据，研制主要气象要素对作物的影响评价指标，构建以指数模型为主的主要农作物生长发育影响预测和影响评估模型，利用“在线分析”技术，研制农业气象条件实时动态诊断评估模块，开展主要农作物农业气象条件定量评价的动态在线监测和分析，提供全程化、多元化、定量化的农业气象信息服务产品。

在线分析处理(OLAP)是共享多维信息的、针对特定问题的联机数据快速访问和分析的软件技术，是分析人员、管理人员或执行人员获得对信息数据深刻认识的工具。以OLAP为核心技术构建全程性、多时效、定量化的农业气象监测分析、预测预报系统，实现精细化的作物农业气象条件诊断和评估。农业气象定量评价技术为其提供重要基础支撑。

## 4.1　茶叶生长农业气象条件评价

研究表明，基于模糊数学理论建立的作物气候适宜度动态模型能客观反映气候条件对作物生长发育的满足程度。为此，基于茶叶生长对气象条件的需求，结合生产实际，构建茶叶生长气候适宜度模型，为茶叶生长条件定量评价提供技术支持。

### 4.1.1　气候适宜度模型

气候条件对茶树生长发育和茶叶品质、产量形成的影响，表现为多个气象要素的综合效应。应用模糊数学分析方法，分别建立基于温度、水分和日照气候适宜度模型，以及综合气候适宜度模型，定量评价气象条件对茶叶生长的影响。各个气象要素的适宜度模型评价结果的量化指标，统一定义域值为[0,1]，即最适宜为“1”，最不适宜为“0”。

(1)温度适宜度模型

温度是影响茶芽萌动、新梢生长快慢，甚至茶树能否成活的重要因子。温度的变化，直接影响茶树新梢的正常生长、茶叶品质的优劣及其产量的高低。跟其他农作物一样，茶叶在不同的生长阶段都有个三基点温度，即最适温度、最低温度和最高温度。在最适温度下，茶叶生长发育迅速而良好；在最高和最低温度下，茶树停止生长发育，但仍能维持生命。如果继续升高或降低，就会对茶树产生不同程度的危害，直至死亡。应用模糊数学法，建立了茶叶生长的温度适宜度($P_T$)模型，计算公式如下：

$$P_T=\frac{(T-T_1)(T_2-T)^B}{(T_0-T_1)(T_2-T_0)^B} \tag{4.1}$$

$$B=\frac{(T_2-T_0)}{(T_0-T_1)} \tag{4.2}$$

式中，$T$为茶叶生长季内的平均温度；$T_1$、$T_2$、$T_0$分别是不同时段内茶叶生长的最低温度、最高温度和最适宜温度。当 $T=T_1$ 或 $T=T_2$ 时，$P_T=0$；当 $T=T_0$ 时，$P_T=1$。

(2)水分适宜度模型

茶树原产于湿润多雨的环境，土壤含水量和空气相对湿度与茶树生长发育和茶叶产量高低、品质优劣存在密切关系。通常农作物的水分适宜度模型都是基于降水量来建立，考虑到空气相对湿度是茶叶品质形成的关键要素，因此，在构建茶叶水分适宜度模型时，以植株正常生长的降水蒸散比作为茶园土壤适宜水分的标准，集成空气相对湿度，建立茶叶生长的水分适宜度($P_R$)模型，公式如下：

$$P_R=aP_S+bP_H \tag{4.3}$$

式中，$P_S$、$P_H$ 分别为土壤水分适宜分量和空气相对湿度适宜分量；$a$ 为 $P_S$ 的权重系数；$b$ 为 $P_H$ 的权重系数。$P_H$、$P_S$ 的计算公式分别为：

$$P_H=\frac{H-H_{\min}}{1-H_{\min}} \tag{4.4}$$

$$P_S=\begin{cases} R/E & (\text{当 } R<E \text{ 时}) \\ E/R & (\text{当 } R\geqslant E \text{ 时}) \end{cases} \tag{4.5}$$

式中，$H$ 为茶叶生长时段内的空气平均相对湿度，$H_{\min}$ 为同时段内平均相对湿度的最低值，$R$ 为同期的降水量，$E$ 为茶园可能蒸散量。$E$ 的计算公式为：

$$E=K_c\times ET_0=K_c\times\frac{0.408\Delta(R_n-G)+\gamma\dfrac{900}{T+273}u_2(e_s-e_a)}{\Delta+\gamma(1+0.34u_2)} \tag{4.6}$$

式中，$K_c$ 为作物系数，茶园 $K_c=0.85$；$ET_0$ 为参考作物蒸散，由 Penman-Monteith 公式计算；$\Delta$ 为温度随饱和水汽压变化的斜率；$R_n$ 为茶树冠层的净辐射；$G$ 为土壤热通量密度；$\gamma$ 为干湿表常数；$T$ 为日平均气温；$u_2$ 为 2 m 高度处风速；$e_s$ 为饱和水汽压；$e_a$ 为实际水汽压。

(3)日照适宜度模型

与温度和降水一样，光照条件对作物生长的影响亦可理解为模糊过程，即在“适宜”与“不适宜”之间变化。江南茶区春季阴雨天较多，日照百分率偏低，茶叶产量几乎与日照时数呈正相关性。夏季长时间强光对茶树光合作用具有抑制作用，日照时数对茶树的生长存在双临界点现象。日照百分率即某时段内实际日照时数与该地理论上可照时数的百分比。设定茶叶适宜生长的日照百分率范围为45%～55%，也就是说，光照条件在该范围内，茶叶对光照条件的反应即达到适宜状态。而当日照百分率低于45%或高于55%，对茶叶的生长都有不利影响。茶叶生长日照适宜度($P_S$)模型的计算公式为：

$$P_S=\begin{cases} e^{-[(s_0-s)/b_0]^2} & S<S_0 \\ 1 & S_1>S\geqslant S_0 \\ e^{-[(s-s_1)/b_1]^2} & S\geqslant S_1 \end{cases} \tag{4.7}$$

式中，$S$ 为实际日照时数(h)；$S_0$、$S_1$ 分别为45%和55%的日照百分率；$b_0$ 和 $b_1$ 为常数。

(4)气候适宜度模型

茶叶生长期一般为每年的3—10月，分为春茶、夏茶和秋茶3个生长季。应用加权指数求和法，计算春茶、夏茶和秋茶以及茶叶整个生长期内的单个气象要素气候适宜度，公式如下：

$$P_K(y)=\sum_{i=1}^{n}b_iP_K(y_i) \tag{4.8}$$

式中，$K$ 为气象要素 $T$、$R$ 和 $S$；$n$ 为生育期内的总旬数；$i$ 为生育期内旬的数量；$b_i$ 为第 $i$ 旬的权重系数；$y$ 为资料年份（$y=1,2,3,\cdots,40$）。

考虑到茶树的生长发育以及茶叶品质和产量的形成是光、温、水多个气象要素的协调效应，为了客观反映和合理评价江南茶区茶叶生长对可能提供的气候资源的适宜动态及其对研究期间气候变化的响应特征，应用几何平均法建立了茶叶生长综合气候适宜度（$P$）模型：

$$P_i(y)=\sqrt[3]{P_T(y_i)\times P_R(y_i)\times P_S(y_i)} \tag{4.9}$$

式中，$P_T$、$P_R$ 和 $P_S$ 分别为温度适宜度、水分适宜度和日照适宜度。

### 4.1.2 茶叶生长农业气象条件在线分析

(1)茶叶气候适宜度时间变化

茶叶新梢生长的适宜温度在 18～25℃。随着气温的季节变化，茶叶在生长季内的温度适宜度变化存在明显阶段性，表现为两头高中间低，变化幅度较大。3 月至 5 月中旬是春茶生长和采摘季节，是茶叶产量形成的关键时段。期间随着温度的逐渐升高，茶叶生长的温度适宜度也呈现为增加的趋势。但受春季频繁出现的冷空气影响，温度适宜度表现为波浪状变化趋势，至 4 月底温度适宜度达最高值，为 0.89。5 月份开始缓慢下降，6 月中旬至 7 月上旬保持相对稳定，主要是由于此时浙江省处于梅雨期，温度变化不大；出梅后很快出现高温，茶叶温度适宜度表现为快速下降趋势。盛夏 7—8 月，受高温胁迫作用，温度适宜度处于一年中的最低范围区，在 0.4 左右。秋季 9—10 月，温度渐渐下降，温度适宜度随着气温的下降而表现为明显的增加趋势，由 0.5 升高到 0.85。

茶叶降水适宜度受茶树生理代谢活跃程度、蒸散、降水等因素影响。浙江省地处中国东南沿海，受季风、台风、地形等的影响，降水频繁，雨水充沛。浙江省降水时段基本与茶叶生长季同步，因此，浙江省茶叶生长期水分适宜度较高，基本在 0.6 上下波动，且变异系数较低。受季节的影响，水分适宜度表现为缓慢的下降趋势，由春季的 0.7 降至夏季的 0.6，再降至秋季的 0.5。

浙江省茶叶生长季日照适宜度表现为上升的趋势，在 0.4～0.8 之间波动，变异系数较大。春茶期间受连阴雨影响，日照适宜度偏小，其中 3 月中旬日照适宜度为全年最低且变异系数较大，3 月下旬至 4 月下旬呈缓慢上升趋势，5 月上旬至 6 月中旬有所下降，6 月底出梅后，日照适宜度迅速上升，7 月中旬达到全年最高且变异系数偏小，7 月下旬后，日照适宜度呈缓慢下降趋势（图 4.1）。

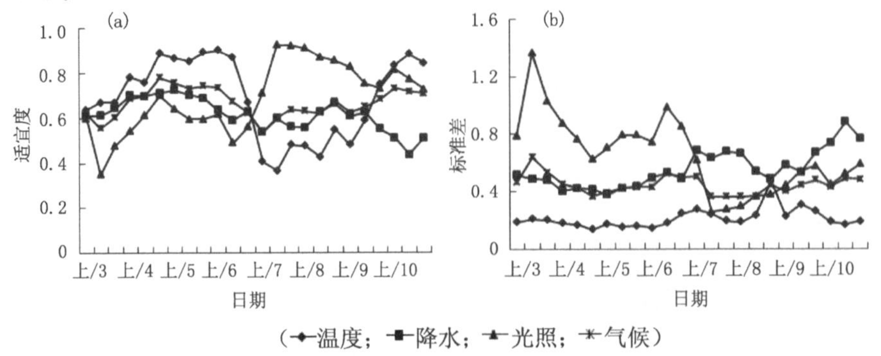


图 4.1 浙江省茶叶生长季内 a.逐旬气候适宜度及 b.标准差变化

(2)茶叶气候适宜度空间分布

受纬度、海陆和地形等环境条件的影响，浙江省茶叶气候适宜度存在着明显的地域差异。如图4.2所示，浙江省茶叶温度适宜度呈现由东北向西南逐渐升高的趋势，最高值出现在温州、丽水的南部地区和衢州的西部地区，高于0.80；水分适宜度表现为东西区域分布，高值区出现在东部的沿海地区，大于0.68；日照适宜度则呈现由南向北逐渐升高的趋势，高值区出现在浙北地区，大于0.66。浙江省茶叶综合气候适宜度呈现纵向分布，由浙中向东西南北呈逐渐增加趋势，高值区出现在湖州北部、衢州西部、温州和丽水南部等地，其茶叶气候适宜度在0.72以上。

图4.2 茶叶气象要素适宜度和气候适宜度空间变化

(a. 气温；b. 降水；c. 日照；d. 气候)

## 4.2 水稻生长农业气象条件评价

针对水稻各发育期对光、温、水等气象要素的需求，分别建立了温度适宜度、降水适宜度、日照适宜度和综合气候适宜度。

### 4.2.1 温度适宜度模型

温度对水稻发育过程的影响可以用水稻生长对温度条件反应函数来描述，其值在 0～1。作物发育对温度的反应表现为非线性，且在最适温度之上和最适温度之下的反应不同。描述该过程的常用函数有 Beta 函数、分段指数函数、分段线性函数。通过比较分析，Beta 函数能较好地反映作物生长与温度的关系，并且具有普适性。计算方法如下：

$$F_T=\frac{(T-T_{\min})(T_{\max}-T)^B}{(T_s-T_{\min})(T_{\max}-T_s)^B} \tag{4.10}$$

$$B=\frac{(T_{\max}-T_s)}{(T_s-T_{\min})} \tag{4.11}$$

式中，$F_T$ 表示温度为 $T$ 时的温度适宜度，$T_{\max}$ 为作物发育上限温度；$T_{\min}$ 为作物发育下限温度；$T_s$ 为作物发育最适温度；$T$ 为实时温度。当 $T \geqslant T_{\max}$ 或 $T \leqslant T_{\min}$ 时，$F_T=0$。水稻不同发育期的三基点温度如表 4.1 所示。

**表 4.1 水稻各发育期三基点温度(℃)**

| 温度 | 播种育秧 | 移栽返青 | 分蘖拔节 | 孕穗 | 抽穗开花 | 乳熟成熟 |
|---|---|---|---|---|---|---|
| $T_{\max}$ | 40 | 35 | 33 | 40 | 35～37 | 35 |
| $T_{\min}$ | 12 | 14 | 15～17 | 15～17 | 18～20 | 13～15 |
| $T_s$ | 25 | 27 | 27 | 28 | 28 | 25 |

### 4.2.2 降水适宜度模型

降水是作物水分和土壤水分的主要来源，作物生长好坏、产量高低与降水密切相关。降水适宜度是作物各生长发育阶段内的降水量对作物适宜程度的量度。相关研究表明，用作物正常生长需水量作为作物生长的适宜水量标准是可行的。计算方法如下：

$$F_R=\begin{cases} R/E & (\text{当 } R<E \text{ 时}) \\ 1 & (\text{当 } R\geqslant E \text{ 时}) \end{cases} \tag{4.12}$$

式中，$R$ 为实时降水量(mm)；$E$ 为农田蒸散(农田基本耗水量，mm)。

$$E = K_c \times \sum T \tag{4.13}$$

式中，$K_c$ 为作物系数(表 4.2)；$\sum T$ 为逐日温度累积值。

**表 4.2 水稻各发育期 $K_c$ 经验取值表**

| 发育期作物系数 | 播种育秧期 | 移栽返青期 | 分蘖期 | 拔节孕穗期 | 抽穗开花期 | 乳熟成熟期 |
|---|---|---|---|---|---|---|
| $K_c$ | 1.2 | 1.8 | 1.2 | 1.5 | 1.6 | 1.3 |

### 4.2.3 日照评价模型

研究表明，日照时数达到可照时数的 70%为临界点。日照时数在临界点以上，作物对光照的反应达到适宜状态，日照时数的隶属度函数形式如下：

$$F_S=\begin{cases} S/S_0 & (\text{当 } S<S_0 \text{ 时}) \\ 1 & (\text{当 } S\geqslant S_0 \text{ 时}) \end{cases} \tag{4.14}$$

式中，$S$ 为实时日照时数(h)；$S_0$ 为理论值。水稻各发育期 $S_0$ 取值见表 4.3。

**表 4.3　水稻各发育期 $S_0$ 取值(h)**

| 日照时数理论值 | 播种育秧期 | 移栽返青期 | 分蘖期 | 拔节孕穗期 | 抽穗开花期 | 乳熟成熟期 |
|---|---|---|---|---|---|---|
| $S_0$ | 30 | 20 | 40 | 50 | 60 | 60 |

### 4.2.4　综合气候适宜度模型

为定量反映光、温、水配置对水稻生长发育的影响程度，综合考虑温度适宜度、降水适宜度、日照适宜度的相互作用，采用线性方程加光、温、水的影响取几何平均，建立了水稻生长气候适宜度模型。

$$F=\frac{F_T+F_R+F_S}{3} \tag{4.15}$$

式中，$F$ 为气候适宜度，$F_T$、$F_R$、$F_S$ 分别为温度适宜度、降水适宜度、日照适宜度。

# 第5章 现代农业气象业务系统

在前述研究的基础上，集成现代农业气象系统，实现以下主要功能：主要农业气象灾害（五月寒、霜冻、冻害、高温逼熟等）实时监测预警，滚动输出网格化图表数据；主要作物全生育过程农业气象条件实时监测和诊断评估，气温、降水、日照、积温等要素的实时监测及其对主要作物的适宜性影响预测和评估；关键农事季节和关键生长期的农用天气预报；区域网格化图表数据产品的查询和提取；依托三网融合的高速信息服务通道向用户推送服务信息。本系统定量化和网格化产品、任意区域图表数据输出，自动形成市、县级网页等特色功能，对基层台站开展服务提供重要技术支撑。

现代农业气象业务平台是快速接收处理各类农业气象信息、分类农业气象条件、运行农业气象模型、绘制农业气象图形（图像、表格）、制作农业气象业务产品的重要基础保障。综合规范的农业气象业务平台能够通过网络系统，将综合数据库、多功能的专业农业气象处理分析系统和图形制作系统结合在一起，大大提高业务制作效率。其中综合数据库是基础，负责管理现代农业气象业务所需要的各种数据资料，包括专业农业气象处理分析系统生成的数据资料；专业农业气象处理分析系统是核心，负责运行现代农业气象业务的各种模型、处理满足服务需求的各种信息；图形制作系统是重点，负责生成各种规范的现代农业气象业务的各种图形（图像、表格）。具体包括以下内容。

综合的农业气象数据库：利用现代数据库管理软件，建立相关气象数据库、农业气象观测资料数据库、农业气象指标数据库、农林病虫害数据库、农业经济数据库、基础地理数据库以及专业农业气象处理分析系统所产生的各类数据的数据库。

专业化的农业气象处理分析系统：开发具有处理、分析农业气象情报、农业气象预报、农业气象灾害等现代农业气象业务所需要的各类信息的功能模块，满足现代农业气象业务产品生成的需要。通过网络直接与综合数据库连接，而不与图形制作系统发生关系，涉及传统种植业、特色农业、设施农业、林业、畜牧业和渔业等现代农业各个领域。

多功能的图形制作系统：在GIS软件支持下，利用综合数据库中的数据资料，开发规范的多功能图形、图像、表格制作系统，通过网络直接与综合数据库连接。

WebGIS是Internet和WWW（World Wide Web）技术应用于GIS开发的产物，是基于浏览器/服务器（Browser/Server，B/S）构架来进行空间数据浏览、专题图制作、空间信息检索和空间数据分析，WebGIS为地理信息和GIS服务通过Internet在更大范围内发挥作用提供了新的平台。气象观测站点分布较离散，且山区和高海拔地区分布稀疏，不能实现任意地区的农业气象服务信息提取。基于GIS，耦合地理信息、气象观测信息、作物发育信息和农业气象指标库，生成网格数据，借助B/S构架，将数据推送给不同的用户，进而实现数据的分布式管理。基于WebGIS的农业气象业务平台建设在部分省份已有研究，但投入业务应用的尚少见报道。浙江农业气象业务平台建设较早，数字化、网格化、网页化是农业气象业务平台的设计与实现方向之一。定量化、网格化产品，任意区域图表数据输出，对基层台站开展服务提供重要技术支撑。针对加强面向用户直接服务、加快服务方式转变的现代农业气象业务需求，以全省地面气象监测资料为基础，基于 WebGIS，设计和研发浙江省省、市、县三级应用的农业气象业务平台，为开展主要农作物的全程性、定量化、精细化的现代农业气象信息服务提供重要技术工具，为现代农业气象服务体系建设提供重要技术支持。

## 5.1　系统架构设计

### 5.1.1　功能需求

(1)技术流程

基于 WebGIS 的农业气象业务平台建设的总体目标是实现数字化、格点化、网页化、适用于省、市、县三级的现代农业气象业务系统。它立足高分辨率的气象监测、预报格点数据、作物分布和行政区划信息、多样性指标库(包括 14 类农业气象灾害监测预警指标、6 类作物 7 种农用天气预报指标和作物气候评价模型)和农业气象观测网络(人工和自动气象站监测)，采用 SQL Server 2012 建立农业气象数据库；使用 C# 进行数据处理，采用 ASP. Net 平台和 JavaScript、Html 等计算机语言进行网站搭建，研制基于 WebGIS 的农业气象业务平台。本研究使用 OpenLayers 3 来组织、发布与浏览地图，它是一个专为 WebGIS 客户端开发的 JavaScript 类库包，支持 WMS(Web Mapping Service)和 WFS(Web Feature Service)等网络服务规范。利用 OpenLayers 3 自带的瓦片技术建立了适用于农业气象的业务底图，客户通过 Internet 或 Internet 服务器发出请求时，OpenLayers 通过 OGC(Open Geospatial Consortium)服务形式将请求发布的地图数据加载到客户浏览器，并将已处理好的瓦片地图存储在 Memcached 缓存组件中，以提高服务器处理性能和提高 Internet 访问速度。平台开发技术路线如图 5.1 所示。

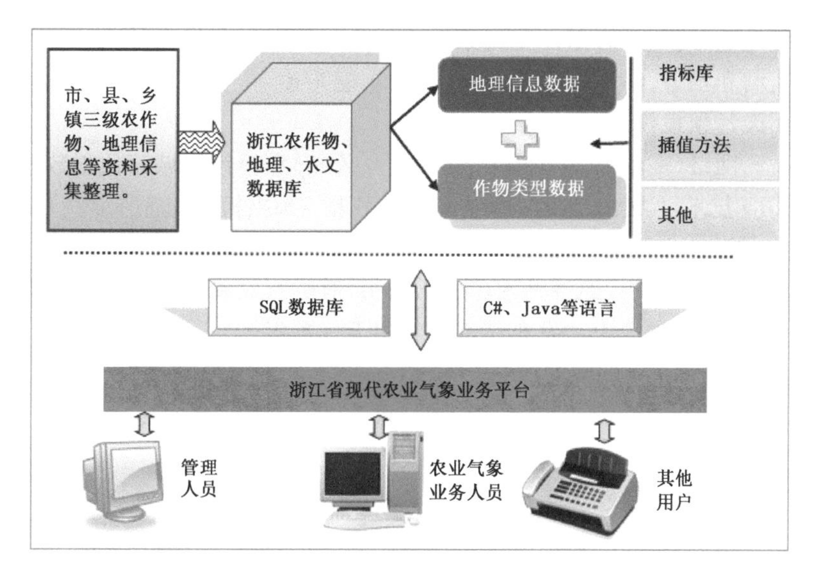


图 5.1　平台开发技术路线路图

(2)业务流程

现代农业气象系统立足现代农业气象服务需求,以浙江省全省地面气象监测资料为基础,基于 GIS,耦合农作物气象指标、气象数据、数值预报产品、农用天气预报模型、气候适宜度模型等,结合现代信息处理和网页搭建技术,实现精细化的浙江省主要农业气象灾害监测预警、农用天气预报和主要农作物农业气象条件在线监测评估等,自动生成农业气象业务产品,综合农业气象专家决策系统,最终集成面向全省各级用户的现代农业气象业务服务产品。

①集成现代农业气象数据库

a. 搜集整理农作物布局、产量、灾情等农业社会经济数据库;

b. 搜集整理的主要农业气象灾害指标,结合前人研究成果,集成主要农作物和农事活动的气象灾害指标库。基于多年的灾情数据、社会统计数据等,利用统计学方法提取不同气象灾害等级指标;

c. 搜集整理业务服务使用的主要农用天气预报指标库,构建主要农作物生长季节和关键发育期的农用天气预报的适宜度指标;

d. 构建以作物模拟模型为基础的主要农作物生长发育动态诊断模型指标体系;

e. 构建包括实时气象信息、天气预报数据、农田小气候信息、农业气象指标等现代农业气象信息库。

②建立农业气象灾害监测预警评估模型

基于气象监测网络(基本站、中尺度站和农业气象站)和精细化城镇预报数据,结合主要农作物的气象灾害指标,基于农业气象灾害在线监测分析技术和 GIS 技术,构建农业气象灾害多时效、精细化的监测预警模型。

在现有农业气象诊断评价指标体系和定量诊断评估模型基础上,以制作全程性、多时效、多目标、定量化、精细化的现代农业气象情报和预报产品为目标,整理、完善和补充农业气象指标库,结合农业气象观测数据、前人研究成果等逐步建立以气象指数为主的农业气象定量监测预警评估模型。整理主要农业气象灾害指标,对主要的粮油、经济林木(茶叶、杨梅)等主要农业气象灾害进行诊断分析;结合浙江省气象台精细化数值天气预报产品,实现滚动发布精细化农业气象灾害监测和预警。

③建立农用天气预报模块

基于气象监测网络(基本站、中尺度站和农业气象站)和精细化城镇预报数据,结合农用天气预报指标和 GIS 技术,构建动态的、精细化的农用天气预报模型。

以浙江省的主要粮油作物、经济林果的关键生长期和关键农事季节,整理出主要农用天气预报指标,对主要的粮油作物、经济林木(茶叶、杨梅)等进行农事活动适宜度等级预报;结合精细化数值天气预报产品,实现滚动发布精细化农用天气预报。

④建立病虫害监测预报模块

基于水稻稻瘟病和稻飞虱迁入、发生发展气象等级指标,结合病虫害监测信息和相关气象要素观测预报数值,构建浙江病虫害监测报报模块。

⑤建立农业气候资源模块

基于农业气象信息数据库,研发农业气候资源模块,实现任意地区农业气候资源的查询统计和初步分析。

⑥完成后台三级管理和产品制作功能,开发动态的指标引擎,实现省、市、县三级指标个性

化操作

a. 业务平台后台管理开发。开发业务平台的后台管理功能，分配省、市、县三级业务权限，实现指标、发育期等信息的可视化编辑，业务产品推送和展示功能。

b. 动态指标计算模型引擎开发。实现业务指标和计算模型动态配置，实现各类模型的优化，满足各地农气服务本地化的自行设置和调整；系统开发动态计算引擎，实现自动解析配置好的动态模型算法，自动输出结果，结果可以提供给其他业务模块调用。

c. 农业气象业务后台制作。实现业务人员对相关农业气象信息的分析和确认，通过业务平台制作情报、预报、预警等农业气象分析产品。根据业务产品规范化定制产品模板；基于产品模板，实现基础数据自动化嵌入，同时提供人工修订功能、产品制作完成后实现“一键式”发布。

⑦农业气象业务平台的建设

a. 开展农业气象灾害应急管理模式研究，研制多灾种合一的监测平台和多种通信方式相结合的应急指挥通信平台，利用图像监控的视频会议网络，构建重大农业气象灾害信息管理系统，实现重大农业气象灾害应急联动指挥的应急响应模式，为减灾措施、灾前准备、应急响应、灾后重建提供对策；

b. 基于“在线分析”技术和 GIS 技术，借用系统工程学方法和灾害评估理论，以“最后一公里”为农业气象定量服务为目标，研制农业气象定量分析、预警、灾害评估等功能于一体的灾害监测预警评估业务系统。

⑧农业气象定量化网格化监测预警平台推广应用

a. 密切省、市、县三级合作，筛选具有条件的县市作为平台试用点，参与平台研发、试用、完善各环节，协助平台功能调试、故障反馈、模块完善；掌握各级业务人员和管理人员对平台的多方位要求，不断测试和完善平台功能，以点带面，稳步推进平台在各地区的使用；

b. 加强基层技术培训服务。利用视频培训、操作手册、互联网、电话等手段对基层人员在业务系统使用过程中遇到的问题进行答疑。及时就平台使用情况进行反馈，并及时更新。

### 5.1.2 系统设计

(1)逻辑结构

平台基于 WebGIS，采用 B/S 结构和 ASP. NET 开发平台，遵循 SOA(Service-Oriented Architecture，面向服务的体系结构)架构原则，平台框架如图 5.2 所示。平台包括 IT 基础设施层、开发基础软件层、数据层、技术支撑层和应用层。IT 基础设施层和开发基础软件层是平台开发所需的硬件和软件；数据层包括基础数据(地面气象观测数据、指标数据、灾损数据、作物生育期、地理基础数据等)、系统配置数据和产品数据等；技术支撑层是指平台主要用到的软件、算法、协议等；应用层是整个系统的应用部分，包括灾害监测预警、农用天气预报、气候综合评价体系(温度评价模型、降水评价模型、日照评价模型、气候综合评价模型)、农业气候资源等。

(2)功能结构

平台建设依托一套完整基于 JavaScript 语言的 OpenLayers 组件，实现包括提供地理数据展示、图形绘制、地理处理等功能，后台地图服务采用 REST 技术架构。依托 GIS 平台提供精细化、网络化、数字化的气象产品展示和服务。本研究以 1∶5 万的浙江市县行政区划图、一二级河流、市标注和农业气象站点分布及名称为基本背景图显示，显示比例放大到一定程度时，

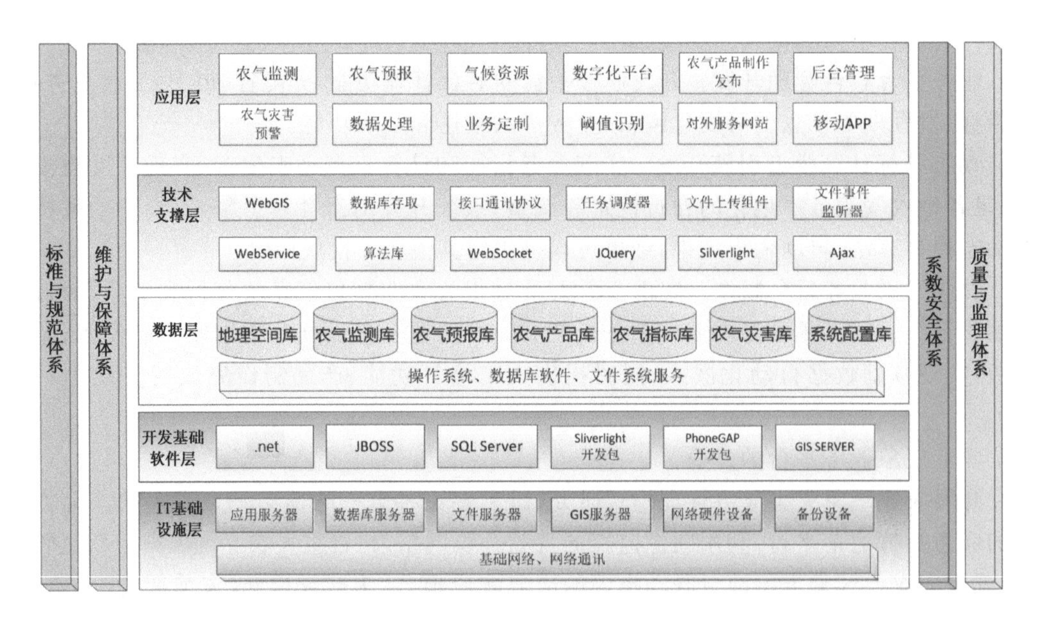


图 5.2 平台框架结构

再显示 1：1 万的乡镇行政区划图。

平台实现的功能主要包括图形操作、农业信息查询与统计、农业气象条件诊断分析、专题图制作分析等。

①图形操作

在 Internet 上浏览平台网页具有强大和丰富的图形操作功能，OpenLayers 除了可以在浏览器中实现地图浏览的基本效果，如放大(Zoom In)、缩小(Zoom Out)、平移(Pan)等常用操作之外，还可以进行选取面、选取线、要素选择、图层叠加等不同的操作，还可以对已有的 OpenLayers 操作和数据支持类型进行扩充，如增加底图类型(包括地形、卫星、交通和空白底图)、选择站名、站号等信息的显示与否。通过地区切换，可以掩膜任意市、县的底图并进行显示；通过 IP 地址识别技术可以自动定位或者手工定位；此外，还可以实现图片、数据、文档导出等操作。

②农业气象信息查询与统计

平台依托 OpenLayers 建立信息服务 Web 站点，并以 Html Viewer 方式在 Web 站点上发布农业气象信息查询功能。查询功能主要包括气象站观测数据(常规气象观测站数据、农田气象观测站观测信息、农田小气候观测站等观测数据)、监测预报信息(农业气象灾害监测预警信息、农用天气预报信息、病虫害监测预报信息等)查询；统计功能主要实现对单站和区域的农业气象信息(包括农业气候资源数据、农业气象灾害监测信息、农用天气预报信息、病虫害监测信息等)进行旬、月、季、年和任意时间尺度统计。

③农业气象条件诊断分析

农业气象灾害的发生、发展到消亡，影响因素是多种多样的，各因素之间存在着相互联系、相互影响和相互制约的关系。为了客观定量地研究它们之间的数量关系，基于 WebGIS 的农业气象业务平台采用气象学、统计学等研究领域的算法和模型，进行定量及定性分析功能，实现对原始数据进行多角度分析(包括农业气象灾害监测预警、农用天气预报、气象条件在线分析、农业气候资源、农业气象病虫害监测预报、产量预报等)。平台可以提供较为准确的定量化的监测预警预报信息,在空间上不仅涵盖了省、市、县、乡镇四级行政区域,而且细化到5 km×5 km的网格点上,精细化程度较高,具有较好的适用性。此外,平台还支持自主构建评价体系,对信息进行建模评价。

④专题制作分析

专题制作分析功能是根据业务需求采用不同的专题图、统计信息等对农业气象信息进行可视化表达,并对相关信息实现决策分析结果进行文件输出。系统中可视化信息包括信息总结、字段标注、多级动态符号管理、多专题叠加显示等,我们利用ArcMap地理地图编辑工具强大的地理分析与地图组织能力,开发、组织高质量的实时、历史农业气象信息对比分析专题地图并进行发布,结合OFFICE插件,将专题图、统计表格、描述文字等信息进行导出,产生的结果能直接保存(支持.html、.doc、.xls、.pdf等格式文件)。

⑤其他功能

平台在满足主要粮油作物农业气象业务服务的同时,还可以实现服务茶叶、杨梅等特色作物。此外,平台通过运用传感器、控制器、智能相机、智能摄像头、RFID等高端物联网设备,集成了茶叶、设施大棚等特色和经济作物的远程视频监控体系,实现对农业生产现场的气象条件、土壤、农作物生长情况、农业设施运行状态等进行远程全方位监控。根据观测作物特征设定条件阈值,对各种异常情况进行自动预警与远程自动化控制,能实现全天候实时监控,智能识别报警、智能录像、远程访问等功能。

(3)关键技术

①数据库技术

以SQL Server 2012数据库管理平台为开发平台,遵循气象行业数据标准、网格化数据标准以及WebGIS对属性数据库的要求,分类别建立数据表、视图、触发器、存储过程等数据库对象,构建农业气象基础数据库。主要数据有:

a.气象观测数据:全省71个常规自动气象站、2259个区域自动气象站逐时的观测资料,要素主要包括平均气温、最高气温、最低气温、降水量、相对湿度、日照时数等;

b.农田观测数据:包括13个农业气象观测站、52个农田小气候观测站和31个自动土壤水分观测站的作物发育期、土壤水分、土壤特征和温度、降水、风速等农田小气候数据;

c.数值预报产品:基于浙江省气象台多模式5 km×5 km网格未来1~8天的平均气温、最高气温、最低气温、降水量等要素的预报数据;

d.农业统计数据:浙江省主要农作物布局、产量、灾情等农业社会经济数据;

e.地理信息数据:浙江省、市、县、乡镇行政地图,水体及DEM高程等基础数据。

②基于面向服务SOA的分布式应用程序架构

与传统架构相比,SOA(面向服务架构)为信息资源之间定义了更为灵活的松散耦合关系。利用开发标准的支持,采用服务作为应用集成的基本手段,SOA不仅可以实现各项资源的重复使用和整合,而且能够跨越各种硬件平台和软件平台的开放标准(图5.3)。本平台架构能够无缝整合气候中心各种平台资源,构建一个面向服务的具有可扩展性的综合信息处理平台。整体采用分布式平台架构,各个子平台支持平台集群部署,如浙江省延伸期预报系统、浙江省雾霾监测系统、浙江省生态遥感系统等。

③采用高效的服务器程序模型和数据压缩技术

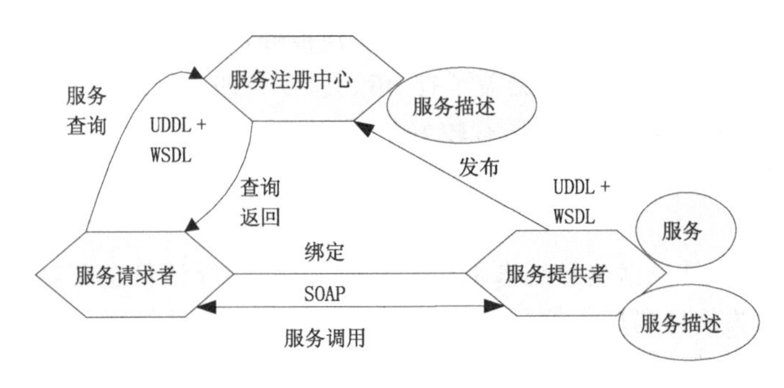


图 5.3 SOA 协作模型图

平台采用了基于 SEDA 架构(Staged Event-Driven Architecture)的高性能应用服务框架技术,确保内核具有高性能、高健壮性、高可扩展性。为了支撑大量的用户同时在线访问数据,我们采用线程池技术、事件驱动事务处理应用服务器模型、数据缓存技术,以及数据压缩传输技术。采用线程池技术和事件驱动事务处理应用服务器模型这两项技术可以充分利用硬件服务器的 CPU 运算和数据存取能力,极大地提升同时在线用户数,同时极大缩短服务器处理客户端请求的响应时间。由于该平台是 IO 操作密集型平台,磁盘文件数据的访问速度是影响平台性能的关键因素。为此,我们采用数据缓存技术,将部分数据缓存在内存当中,这将极大提升平台的磁盘文件数据访问速度。为了解决 Internet 网络环境、带宽有限的问题,我们采用了高效的数据压缩传输技术。

④动态指标引擎研发

当气象因子的变幅和周期超越生物正常生理活动的要求时,就会发生农业气象灾害。浙江省地势地貌错综复杂,农田小生境多样;此外,由于农作物品种、地理位置和抗逆性等因素不同,农业气象灾害对作物的影响不一。如 2013 年 4 月 7 日,浙江省发生罕见的早春霜冻天气,低山缓坡和平地正在萌芽的春茶受冻严重,但浙南受冻程度小于浙北,高山茶叶受影响程度小于平地。因此,动态指标引擎研发利于提高平台适用性。本研究引入“判断条件”、“运算关系”、“持续天数”和“精度”四个条件。判断条件即判断单个要素、单个界限值,单一符号,如“降水量≥15 mm”;运算关系包括逻辑运算(L)和算术运算(C),逻辑运算包括逻辑与(AND)、逻辑或(OR)等,算术运算包括加(+)、减(-)、乘(×)、除(÷)、指数(^)等;持续天数是在指定计算关系下当天之前日期连续出现的天数,如连阴雨的判定;精度与持续天数相反,是在指定计算关系下当天之后日期连续出现的天数,一般用于农用天气预报。用户根据指标算法交互界面设置完成具体指标设施,系统自动进行判别转化成相应的 SQL 语句,生成对应的指标(图 5.4),以连阴雨为例利用动态指标引擎进行等级设置、模型编辑的页面如图 5.5 所示。

⑤三级权限配置

为了保证平台正常运行,为省、市、县三级管理员分配了不同的权限,主要做以下设置。

a. 系统管理:包括组织机构管理、用户和角色管理及其权限分配、密码修改等,省、市、县三级管理员均有权限对各辖区域的用户进行管理。

b. 基础数据管理:包括地区管理、站点管理、指标管理、指标订正等。当行政边界、行政地名、乡镇代表站、作物等基础信息发生变化时,各地区可对此类基础信息进行编辑,但不能越级、越区修改;各地基础指标由省级统一设定,各地区可以根据地区特点对指标进行增加、修改

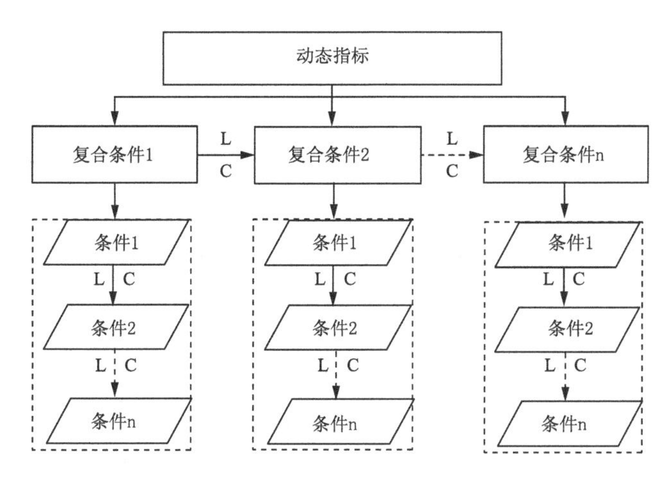


图 5.4　动态指标编辑流程

图 5.5　指标引擎编辑农业气象指标(连阴雨)

和删除，修改后不影响省级和其他地区。

c. 业务管理：包括产品模板、产品制作和产品上传管理。各地区根据自己业务需求设定模板，全省所有的农业气象业务产品统一上传到服务器指定路径，各地可以根据需要任意查看、下载所有的农业气象业务产品。

### 5.1.3　开发环境

平台数据处理和后台服务开发使用的语言是 C#，WEB 前端开发使用 Html、JavaScript 等语言开发，其他的开发工具如表 5.1 所示。

**表 5.1　平台开发语言及工具**

| 开发工具 | 名称 | 开发工具 | 名称 |
|---|---|---|---|
| 源代码管理工具 | SVN | 数据库 | SQL Server 2008 |
| 开发 IDE | Visual Studio 2013 | 数据库建模工具 | Power Designer 12.5 |
| 网页开发 | Adobe Dreamweaver CS5 | 压力测试工具 | Load Runner |
| UML 建模工具 | Enterprise Architect | 单元测试 | Unit Test Generator |
| 原型设计工具 | Axure7 | 缺陷管理工具 | JIRA |

## 5.2　系统功能

### 5.2.1　平台界面

现代农业气象系统包括农业气象灾害监测预警、农用天气预报、在线分析系统、病虫害监测预警、农气观测监测、农业气候资源、产量预报、农业气象服务产品、后台等功能模块（图5.6）。其中农业气象灾害监测预警为前一天的灾害监测、当天和未来7天灾害预警；农用天气预报为当天和未来7天的农事预报；在线分析系统包括实时和预报气象评价指数分析、生长适宜度指标分析等；病虫害监测预报主要为稻飞虱、稻瘟病的监测预报；农气观测监测包括农田小气候、作物发育期、设施农业观测等数据；农业气候资源包括光温水、初终日、积温等资料的统计；产量预报为主要粮油作物的预报；农业气象服务产品是农气产品的展示和交互平台；后台为平台数据运营的基础。下面介绍各模块的主要功能设计及布局情况。

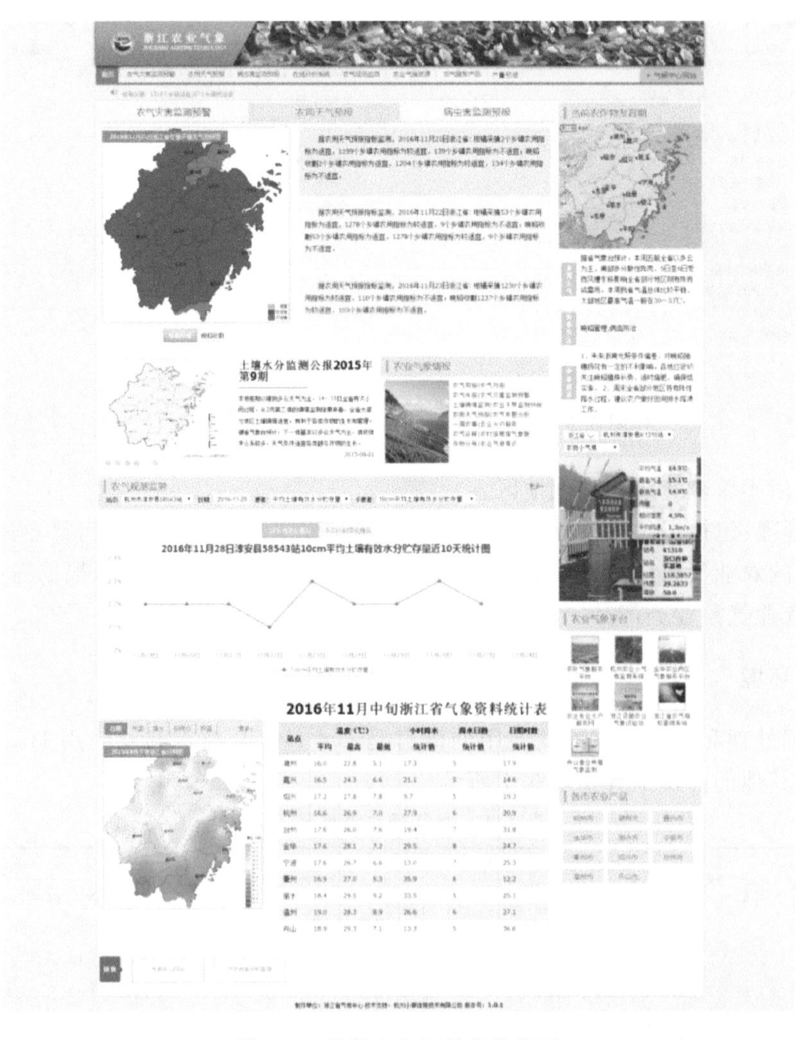


图5.6　现代农业气象系统首页

### 5.2.2 农业气象灾害监测预警模块

基于浙江省地面气象观测数据和精细化城镇预报数据，耦合农业气象灾害监测预警指标，对浙江省主要农作物生产中可能遭受的主要农业气象灾害进行灾害监测和未来 7 天预警。结合 Sufer、Visual Basic 等程序生成格点为 0.01 的 MICAPS 4 类数据，生成灾害分布专题图，并自动生成灾情概述文字。网页下方为灾害监测（预警）乡镇个数统计与明细表。目前灾害监测预警作物包括早稻、晚稻、麦类等大田作物；茶叶、柑橘、杨梅等经济林果。灾害种类包括连阴雨、暴雨、局地洪涝、倒春寒、春寒、大小麦烂耕烂种、五月寒、茶叶霜冻、早稻移栽期僵苗、早稻高温逼熟、杂交晚稻抽穗扬花期低温、常规晚稻抽穗扬花期低温、柑橘冻害、杨梅冻害等 14 类农业气象灾害。

各部分功能设计表述如下：

(1)模块目录名称：平台设计研发的模块包括灾害监测预警在内的 8 个模块的模块名称；

(2)时间：显示当前的计算机时间，也可以通过切换时间来切换模块下的图、表、文字等内容；

(3)地图模式的操作按钮：包括放大、缩小、回到原位、是否显示站名等操作；

(4)指标目录名称：显示所选模块下的指标名称，显示内容根据所选模块发生变化，如选择“农气灾害监测预警”模块时，显示的是主要农业气象灾害的指标名称；

(5)统计功能包括单站统计和区域统计，单站统计为统计任意时间段内某个指标发生某种灾害逐日的情况，区域统计为某种指标发生各个级别下的次数插值图；

(6)地图显示模块：包括常规图、卫星图、交通图等几种底图模式；

(7)站点排名、要素排名和文字说明：站点排名是根据站名进行排序，可以选择前十、后十、过滤、要素排名、文字说明等功能(图 5.7)；

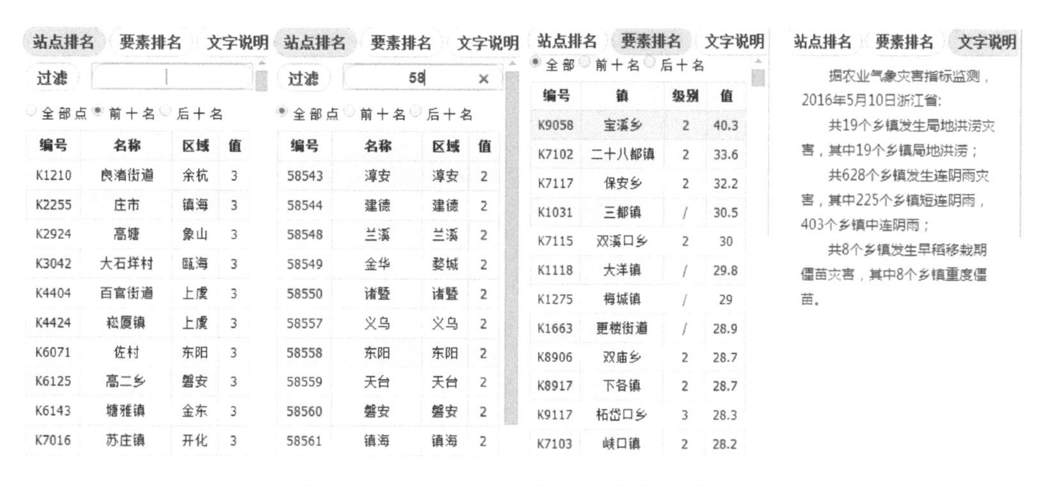


图 5.7 站点排序、要素排名、文字说明等功能

(8)曲线图或柱状图显示：用来展示监测预报预警的乡镇统计情况；

(9)详情表：对应指标下所有乡镇监测预报预警的统计详情。

农气灾害监测预警、农用天气预报、病虫害监测预警、在线分析系统等采用相同的页面布局(图 5.8)，因此，后面相同的页面布局不再赘述。

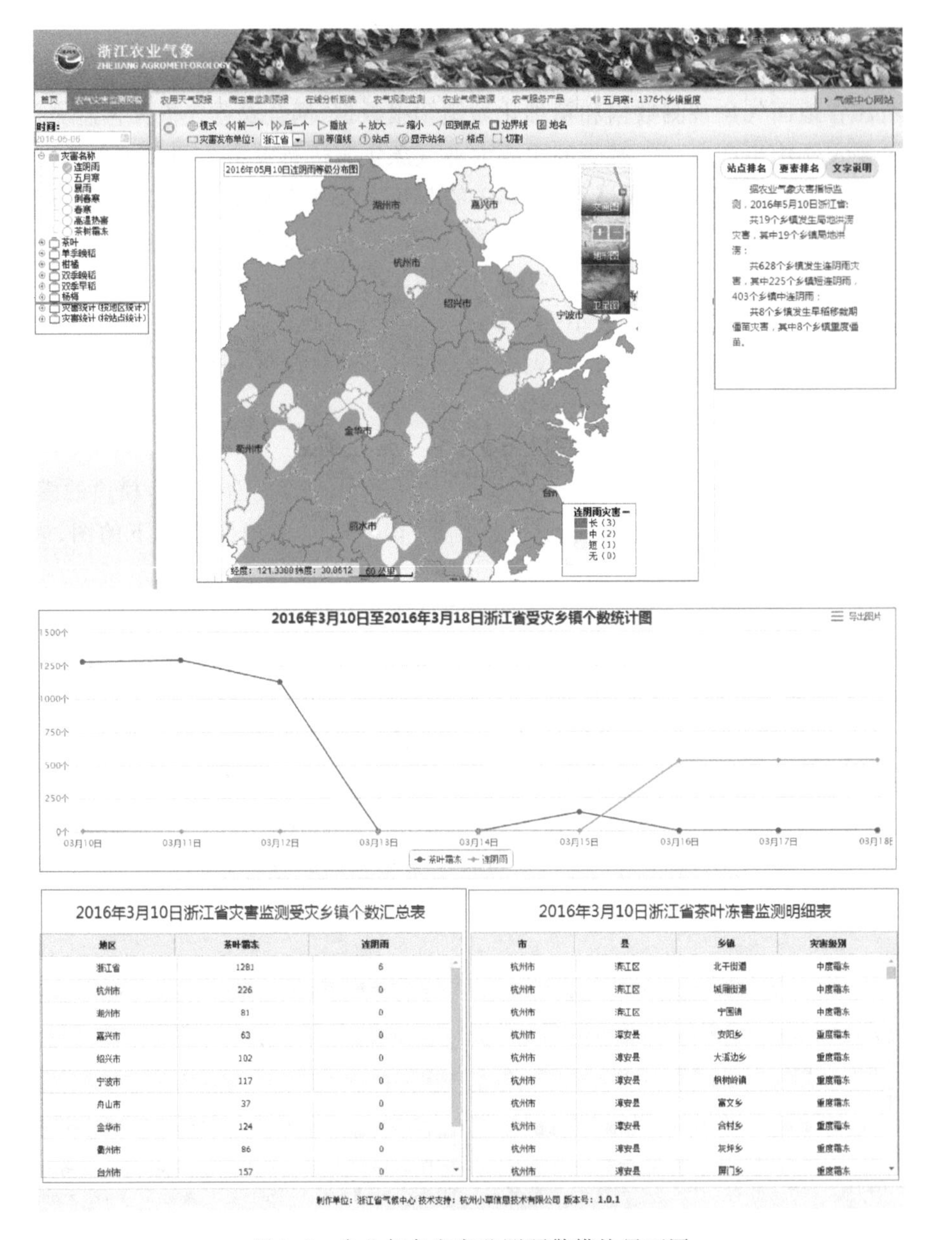


图 5.8 农业气象灾害监测预警模块界面图

### 5.2.3 农用天气预报模块

农用天气预报模块聚焦在双季早稻播种、双季早稻收割、晚稻收割、柑橘采摘、茶叶采摘、杨梅采摘、油菜收割等6种作物7类农事关键期的预报，主要是针对大田作物、经济作物、林果等作物生长关键期的农事活动进行的专业农业气象指导预报，为地市级气象台提供技术支撑。同时，预报结论将作为农业大户服务的参考依据。平台以前期天气条件、中短期天气预报为基础，针对作物生长发育进程及关键农事活动，建立农用天气预报模型，将气象预报指数统一划分为适宜、较适宜和不适宜3个等级。模块显示界面与灾害监测预警类似。预报时段为当天和未来7天(图5.9)。

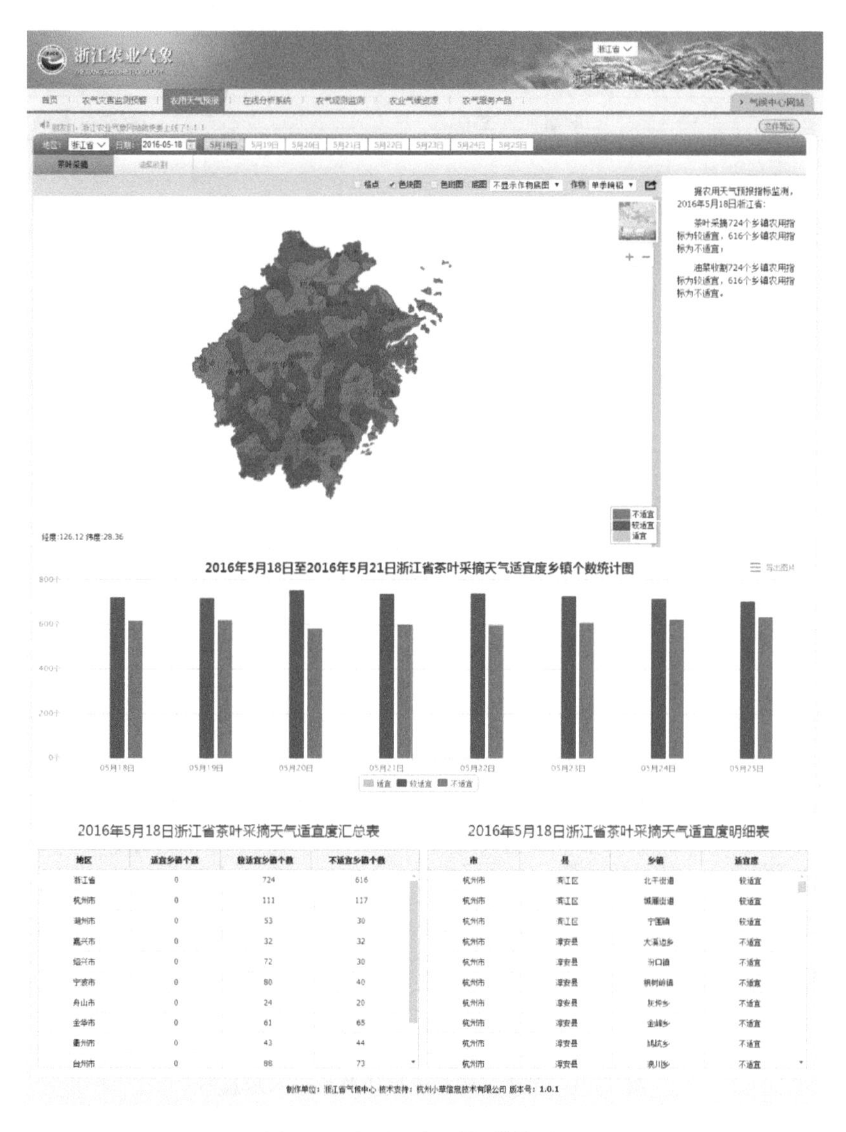


图 5.9　农用天气预报模块界面

### 5.2.4　在线分析系统模块

在线分析系统是针对农业气象精细化服务的需求而构建的一个集信息采集、查询、分析、监测、评价、预测、发布于一体的综合信息处理平台，以达到科学、系统、合理、智能、高效处理农业气象信息的目的。

在线分析系统是基于 AIOLAPS(见第 8 章)，移植其在线分析的理念，利用气象实时数据和精细化预报数据，分析作物生长环境变化动态及未来预测，实现对作物生长环境和全生育期的监控和预测，及时预防各种气象灾害对作物的可能影响，并根据监测结果开展相应的农事活动。页面显示时采用区域插值图和单点显示结合的方式进行。图 5.10 为单站显示方式，在页面上可以对显示的曲线图进行拉伸和压缩，查看从播种到当前逐日的光、温、水的配置情况，虚线表示未来 7 天的预测结果。

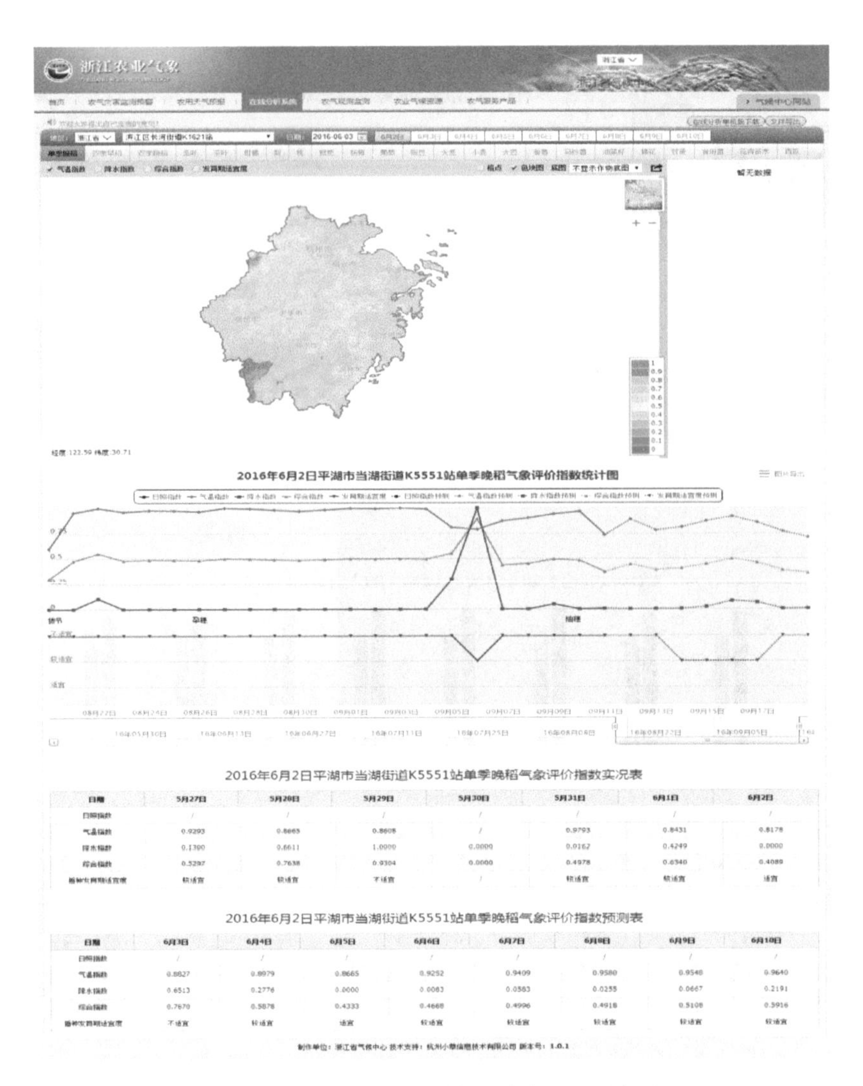


图 5.10　在线分析系统模块单站显示示意图

### 5.2.5　病虫害气象监测预警模块

稻飞虱（主要为褐飞虱）是目前影响浙江省水稻生产的主要害虫之一。其发生面积不断扩大，暴发频率逐年增加，危害程度日趋严重，其携带的 5 种病毒对水稻的危害更是毁灭性的。1968—1970 年，浙江省温州地区连续三年褐飞虱大发生，其中 1969 年早晚稻均遭严重危害，使浙江省水稻生产遭受巨大损失。稻飞虱（主要为褐飞虱）对浙江省水稻的危害最大，危害轻者能影响稻谷饱满程度，重者会使稻株枯死倒伏，严重影响水稻产量。以杭州为例，2004—2008 年杭州地区水稻因病虫平均每年损失 22158.84 吨，其中因稻飞虱而导致减产 65.92%，而褐飞虱造成的减产占稻飞虱造成减产的 82.21%。

褐飞虱属于典型的气候型害虫，其生殖生长与气象要素密切相关。针对浙江省气候敏感性与水稻病虫害频发、重发的实际情况，耦合全省长年代气象、虫情资料，构建基于当前病虫害标准的单一、多项气象因素与病虫的对应等级预警模型（图 5.11）。

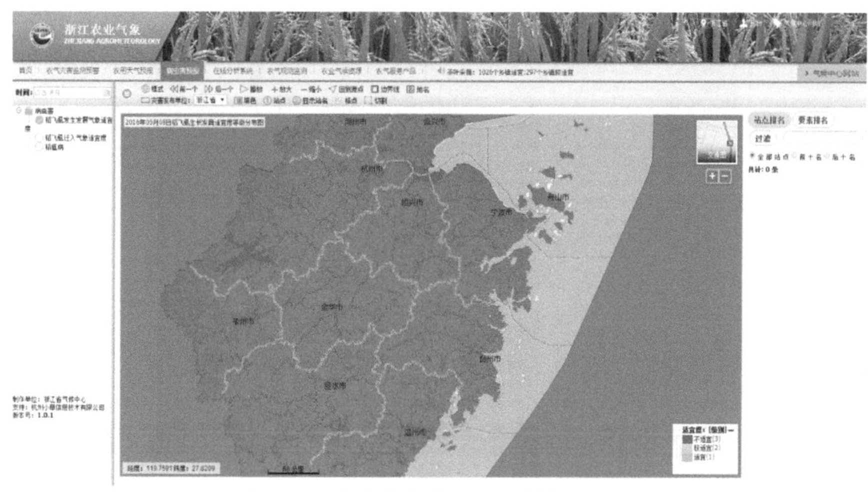

图 5.11　病虫害气象监测预警模块界面

### 5.2.6　农气观测监测模块

农气观测监测模块采用数字化地图展示各类农田观测站的农业气象立体监测信息，包括农业气象基本站、农业小气候站、设施农业观测和特种农业气象要素观测。监测数据的实时展示，主要包括 13 类农业气象基本站、20 余个农业小气候站的数据显示，显示数据包括：农田土壤水分数据、农田小气候数据、特种农业观测数据等(图 5.12)。

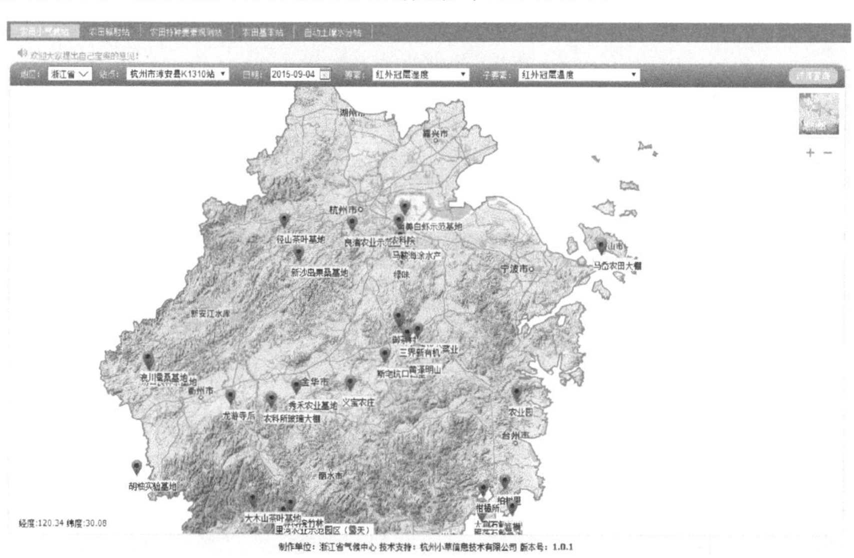


图 5.12　农气观测监测界面

为保证农气观测页面正常运行，开发了农田小气候数据入库子系统，建设了农田小气候数据库。农田小气候数据库包括站点信息表、观测要素表、观测数据表，观测内容包括常规气象要素、辐射和特色要素。农田小气候数据包括农田土壤水分、农田小气候要素、农田太阳辐射、特种要素观测、自动作物观测要素五类。搜集的台站主要包括如表 5.2 所示站点，数据为每小时一个数据。为了保证数据能够实时入库，研发了农田小气候实时数据的下载和入库功能(图 5.13)。

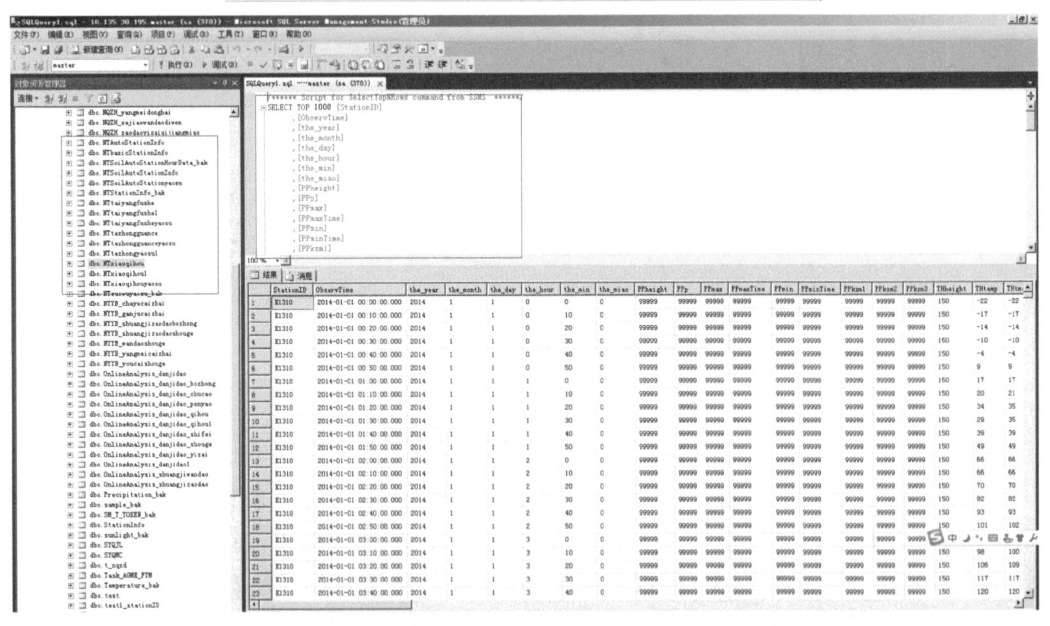

图 5.13　农田小气候数据下载及入库计划任务

表5.2 农田小气候站

| 地市 | 县区 | 站名 | 区站号 | 地市 | 县区 | 站名 | 区站号 |
|---|---|---|---|---|---|---|---|
| 杭州 | 萧山 | 钱江农场 | K1701 | 金华 | 金华 | 农科所玻璃大棚 | K6902 |
| | 淳安 | 汾口良种茶基地 | K1310 | | 义乌 | 秀禾农业基地 | K6904 |
| | 淳安 | 浪川蚕桑基地 | K1731 | | 义乌 | 义宝农庄 | K6903 |
| | 余杭 | 径山茶叶基地 | K1732 | | 金华 | 农科所大棚 | K6901 |
| | 富阳 | 新沙岛果桑基地 | K1712 | 衢州 | 龙游 | 龙游寺后 | K7317 |
| | 余杭 | 良渚农业示范基地 | K1734 | 舟山 | 岱山 | 东沙养殖 | K9597 |
| | 萧山 | 南美白虾示范基地 | K1706 | | 普陀 | 朱家尖养殖 | K9598 |
| 温州 | 瑞安 | 梅屿农气 | K3601 | | 普陀 | 台门养殖 | K9607 |
| | 瑞安 | 马屿农气 | K3602 | | 岱山 | 石马岙农田 | K9618 |
| | 文成 | 黄坦鲜切花基地 | K3603 | | 定海 | 马岙薄膜大棚 | K9621 |
| | 文成 | 二源农气 | K3604 | | 定海 | 马岙玻璃大棚 | K9622 |
| | 泰顺 | 长洋农气 | K3605 | | 定海 | 马岙农田 | K9697 |
| | 文成 | 龙川草莓基地 | K3606 | | 岱山 | 高亭养殖 | K9694 |
| | 乐清 | 翁垟蔬菜基地 | K3607 | 台州 | 椒江区 | 柏树里 | K8199 |
| | 乐清 | 大荆石斛基地 | K3608 | | 黄岩区 | 柑橘所 | K8283 |
| | 平阳 | 湖屿农气 | K3609 | | 温岭 | 箬横 | K8451 |
| | 乐清 | 雁荡石斛基地 | K3610 | | 三门 | 农业园 | K8816 |
| 湖州 | 安吉 | 金手指 | K5201 | | 黄岩区 | 富山 | K8290 |
| | 安吉 | 溪龙 | K5202 | | 黄岩区 | 上郑 | K8291 |
| 嘉兴 | 秀洲区 | 农科院 | K5700 | 丽水 | 莲都 | 里河农业示范园区(大棚) | K9435 |
| 绍兴 | 绍兴 | 绿味 | K4101 | | 莲都 | 里河农业示范园区(露天) | K9436 |
| | 绍兴 | 御茶村 | K4102 | | 莲都 | 里河农业示范园区(木耳) | K9434 |
| | 嵊州 | 黄泽明山 | K4702 | | 莲都 | 林科院竹林 | K9438 |
| | 嵊州 | 三界新有机 | K4703 | | 莲都 | 林科院露天 | K9437 |
| | 上虞 | 章镇祥龙菜业 | K4501 | | 松阳 | 大木山茶叶基地 | K9439 |
| | 诸暨 | 斯宅坑口四里 | K4302 | | 龙泉 | 兰巨试验田 | K9432 |
| | 柯桥 | 马鞍海涂水产 | K4104 | | 龙泉 | 兰巨农业局实验田 | K9433 |

### 5.2.7 农业气候资源模块

农业气候资源模块是分析当前和历史农业气候资源的分布特征、时空变化的重要手段。其要素包括平均温度、最高温度、最低温度、降水量、降水日数、日照时数、活动积温、有效积温、初终日、初终日积温等。站点类型包括全省基本站、中尺度站，此外根据业务需求，出图时按照基本站、乡镇代表站和基本站加中尺度站三类站点类型进行；初终日包括各站逐年0℃、5℃、10℃、15℃、20℃的初终日变化情况。在统计农业气候资源时段时可以按照旬、月、年和任意时间尺度进行单点和区域来进行统计，显示格点大小可以根据图形分辨率来自动放大和缩小(图5.14)。

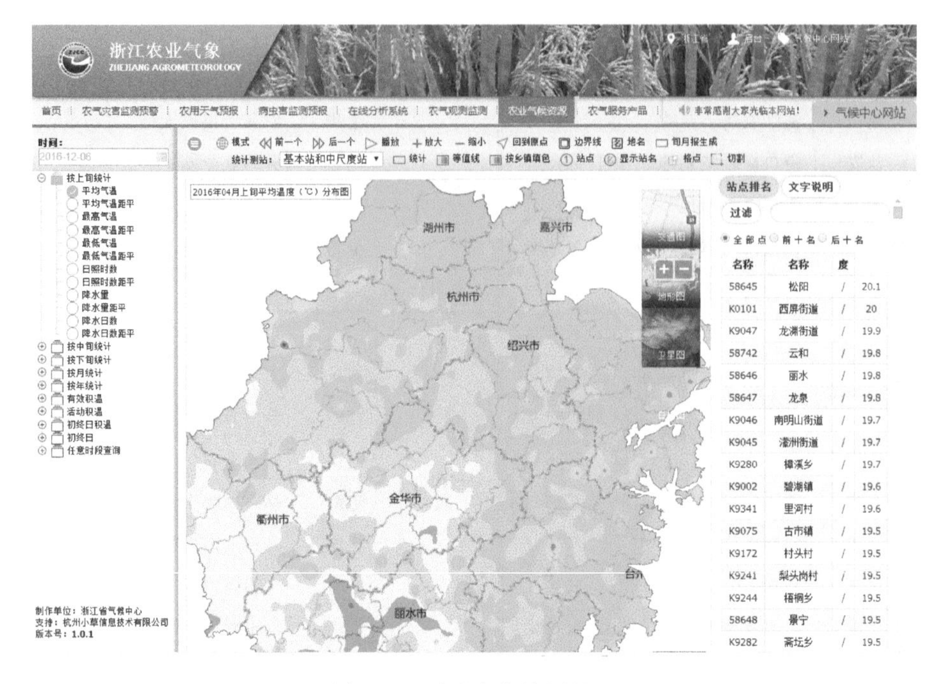


图 5.14　农业气候资源界面

## 5.2.8　农业气象服务产品模块

农业气象服务产品模块是省级农业气象业务产品展示和指导市、县开展工作的功能。产品类型包括灾害监测预警、农用天气预报、一周农事分析、土壤水分监测、农田旱涝分析、旬报(图 5.15)、月报、年报、大户服务、农业专题分析、会商指导意见等 11 类农业气象产品。

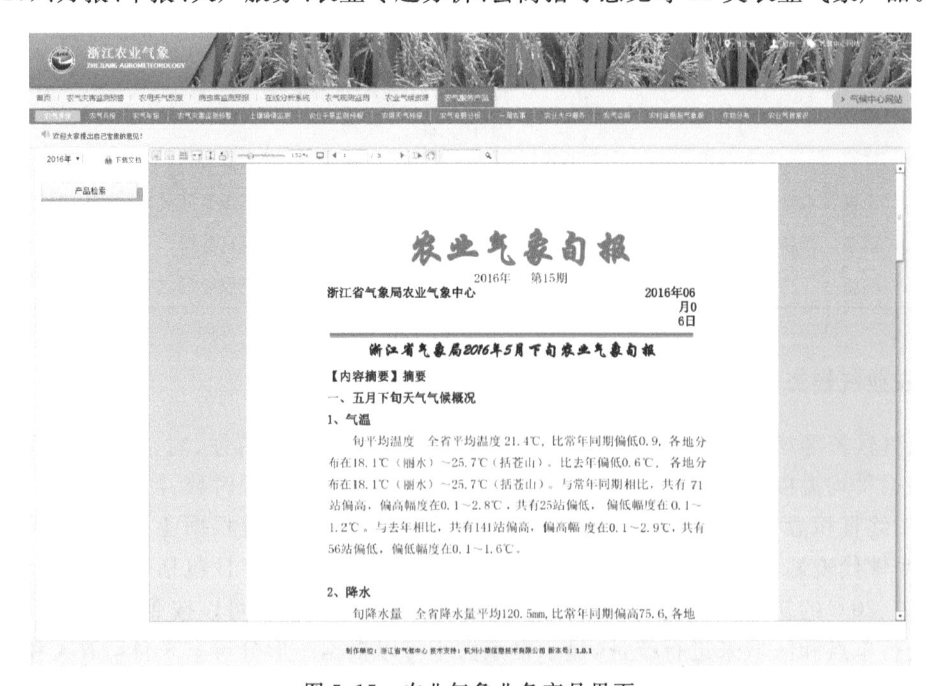


图 5.15　农业气象业务产品界面

### 5.2.9　农业气象业务平台后台管理

后台是对现代农业气象业务平台的支撑和管理，包括系统管理、基础数据管理、数据服务、业务管理等功能。后台是农业气象业务平台的重要组成部分，也是农业气象业务平台正常运行的保障。后台登录界面如图 5.16 所示。

图 5.16　后台登录界面

(1)系统管理

本模块主要提供用户、角色、权限等系统使用者信息的维护。

①组织机构管理

管理员通过新增、修改和删除对气象部门的组织机构进行维护，以确保组织机构数据和实际情况接轨，组织机构管理是业务数据展示和权限控制基础配置。系统通过树形菜单直观展示各机构的上下级关系(图 5.17)。本模块主要包含以下功能：

a. 组织机构选择：选择机构查看相应的组织机构信息；

b. 添加：打开组织机构添加页面，用于添加机构组织信息；

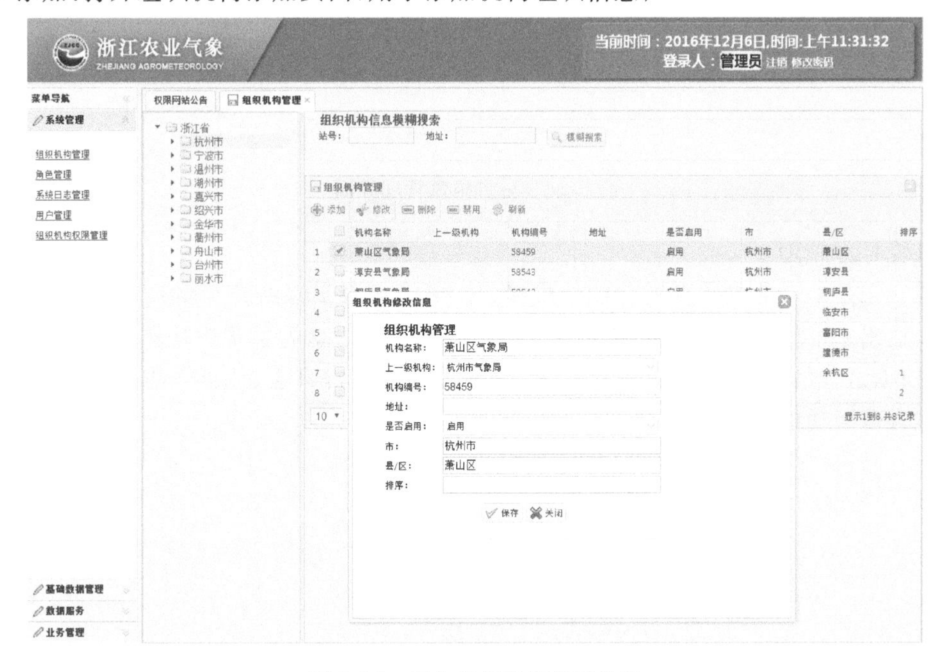


图 5.17　后台组织机构管理界面

c. 删除：提示是否删除，是则删除当前选择的组织机构；

d. 查询：在输入框里输入查询信息，点击查询图标，显示所查询的组织机构的信息；

e. 修改：打开组织机构管理页面，同时加载当前要修改的组织机构的信息，然后可以进行组织信息的修改；

f. 停用：提供组织机构的禁用和启用功能。

②角色管理

对后台角色的信息进行配置，提供新增、修改、删除的功能(图 5.18)。本模块主要包含以下功能：

a. 显示：加载当前角色列表；

b. 查询：根据用户输入信息，查询出相应的角色信息；

c. 删除：根据选择的角色，删除相应的角色信息以及修改关联的用户角色；

d. 添加：打开角色添加界面，用于添加角色信息；

e. 修改：打开角色管理界面，加载当前选择的角色信息，可以编辑保存角色信息；

f. 权限：打开权限管理界面，加载所有权限信息同时绑定当前角色的权限，可以对相应功能菜单权限勾选，选中即视为赋予功能权限，反之取消该权限；

g. 停用：提供角色禁用和启用功能；

h. 本地化：各地区可更新自己的内容。

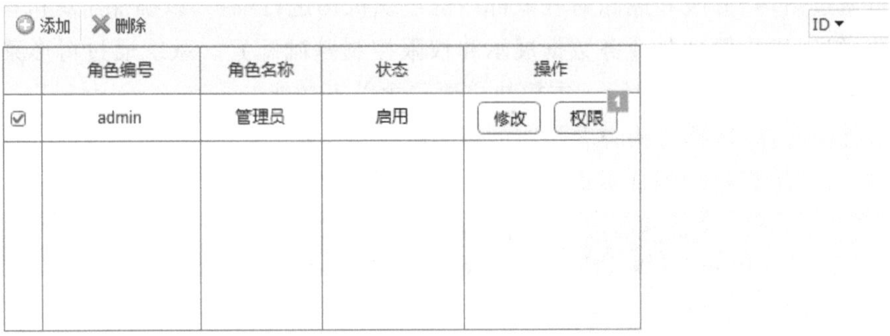

添加 删除 ID▾

| | 角色编号 | 角色名称 | 状态 | 操作 |
|---|---|---|---|---|
| ☑ | admin | 管理员 | 启用 | 修改 权限 |

图 5.18 后台角色管理界面

③系统日志管理

系统日志是一个非常重要的功能组成部分。要求记录下系统产生的所有行为，并按照某种规范表达出来(图 5.19)。可以使用日志系统所记录的信息为系统进行排错，优化系统的性能，或者根据这些信息调整系统的行为。系统日志分为异常日志、业务日志、系统日志。本模块主要包含以下功能：

删除 ID▾

| | 用户ID | 用户名称 | 操作模块 | 维护内容 | 操作时间 |
|---|---|---|---|---|---|
| ☑ | 1 | 管理员 | 用户管理 | 新增用户aa | 2015-04-16 11:44:44 |

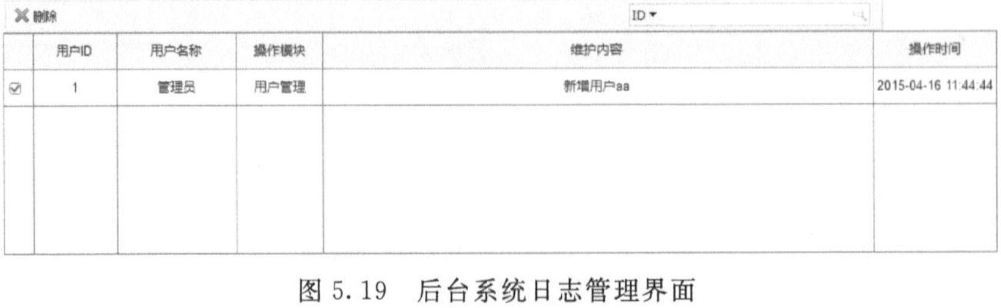

图 5.19 后台系统日志管理界面

a. 删除：选择要删除的系统日志记录，再点击删除按钮；

b. 查询：根据用户输入信息，查询出相应的系统日志记录。

④用户管理

提供后台管理用户新增、删除、停用以及角色及权限设置的管理功能（图 5.20）。本模块主要包含以下功能：

a. 显示：加载当前用户列表；

b. 查询：可以根据用户名，用户姓名等查询条件检索用户信息；

c. 删除：根据选择的用户，删除相应的用户信息；

d. 添加：打开用户添加页面，用于添加用户信息；

e. 修改：打开用户管理界面，加载当前选择的用户信息，可以编辑保存用户信息；

f. 权限：打开权限管理界面，加载所有权限信息同时绑定当前用户的权限，可以对相应功能菜单权限勾选，选中即视为赋予功能权限，反之取消该权限。一个用户可以拥有多个角色；

g. 重置密码：提供用户密码初始化功能，提示是否重置密码，同意则将密码重置为 123456；

h. 停用：提供账户禁用和启用功能；

i. 本地化：各地区可更新自己的内容。

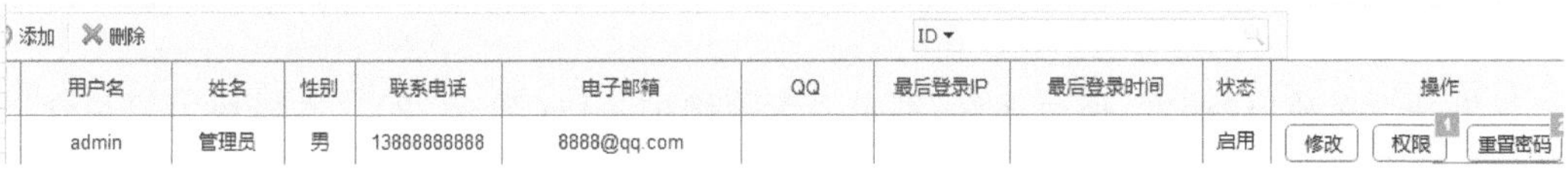

添加 删除 ID

| 用户名 | 姓名 | 性别 | 联系电话 | 电子邮箱 | QQ | 最后登录IP | 最后登录时间 | 状态 | 操作 |
|---|---|---|---|---|---|---|---|---|---|
| admin | 管理员 | 男 | 13888888888 | 8888@qq.com | | | | 启用 | 修改 权限 重置密码 |

图 5.20 后台用户管理界面

⑤组织机构权限管理

对不同级别的组织机构赋予不同的权限信息，创建组织机构是根据组织类型绑定创建的机构权限。本模块主要包含以下功能：

a. 显示：根据不同级别的组织机构，加载全部权限信息，绑定当前级别的权限；

b. 组织机构级别：可以切换省、市、县三级，切换是绑定相应级别的权限；

c. 权限修改：对相应功能菜单权限勾选，选中即视为赋予功能权限，反之取消该权限。

(2)基础数据管理

本模块主要提供系统运行所需的底层基础数据信息管理，主要包含地区、站点、作物、指标等。

①乡镇代表站管理

提供地区名称、所属地区修改操作及默认测站的维护工作（图 5.21）。本模块主要包含以下功能：

a. 地区检索：根据地区名称查找地区；

b. 上级地区选择：选择显示本地区及下级地区的地区列表；

c. 地区列表选择：选择对应地区编辑对应地区的内容，须提供排序操作；

d. 地区编辑：可修改地区名称、简称、所属地区、默认测站及排序号；

e. 保存按钮：保存已修改的内容；

f. 编辑代表站名称：修改乡镇代表站的名称；

g. 添加：添加乡镇名称，添加代表站；

h. 删除：删除行政区划变化后合并或撤销的乡镇；

i. 编辑：修改由于行政区划变化后的乡镇名称。

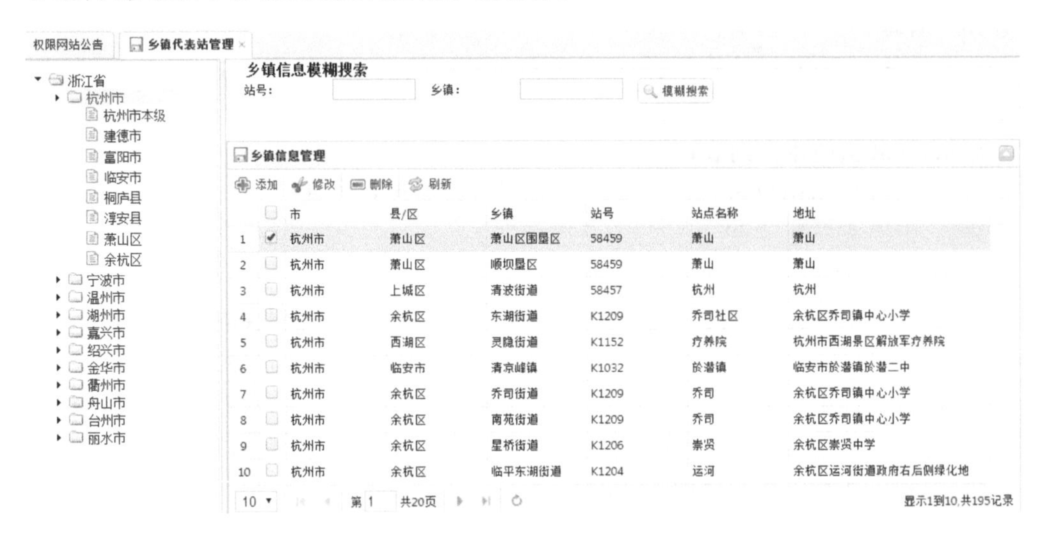


图 5.21　后台乡镇代表站管理界面

②站点管理

提供站点名称、经纬度、所属地区、绑定要素等维护工作（图 5.22）。本模块主要包含以下功能：

a. 站点检索：根据站点名称查找站点；

b. 上级地区选择：选择显示本地区及下级地区的站点列表；

c. 站点列表选择：选择对应站点，编辑对应站点的内容，须提供排序操作；

d. 站点编辑：可修改站点名称、简称、经纬度、所属地区、默认测站及排序号；

e. 保存按钮：保存已修改的内容；

f. 要素绑定：可按尺度来绑定要素；

g. 停用：提供禁用和启用功能。

图 5.22　后台站点管理界面

③要素类型管理

提供要素类别名称增加、删除、修改等维护工作(图 5.23)。本模块主要包含以下功能：

a. 检索：根据名称查找；

b. 上级类型选择：选择显示本类型及下级类型的列表；

c. 列表选择：选择对应要素类型编辑对应的内容，须提供排序操作；

d. 要素编辑：可修改要素名称、父节点及排序号；

e. 保存按钮：保存已修改的内容；

f. 停用：提供禁用和启用功能。

图 5.23　后台要素类型管理界面

④要素管理

提供要素类名称增加、删除、修改等维护工作及要素图例管理、阈值设置(图 5.24)。本模块主要包含以下功能：

a. 检索：根据名称查找；

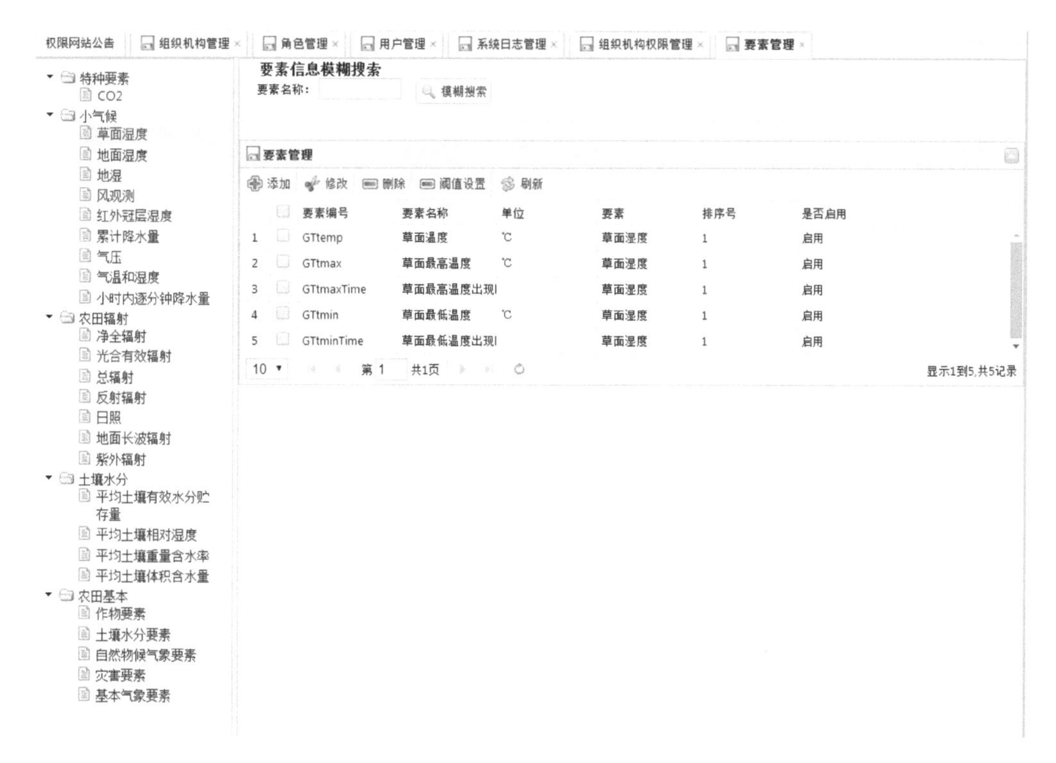


图 5.24　后台要素管理界面

b. 要素类型选择：选择显示对应类型的要素列表；

c. 列表选择：选择对应要素类型编辑对应的内容，须提供排序操作；

d. 要素编辑：可修改要素名称、父节点及排序号；

e. 保存按钮：保存已修改的内容；

f. 图例管理：提供图例的设置功能，该功能须提供通用及各尺度的图例设置，各地区根据需求修改图例；

g. 阈值设置：提供高、偏高、正常、偏低、低 5 个阈值的各尺度要素值设置，尺度可输入数字，如 3 小时，计算 3 小时内的要素值是否超过阈值，用于农气观测监测的阈值提醒功能；

h. 停用：提供禁用和启用功能。

⑤作物类型管理

提供作物类别名称增加、删除、修改等维护工作(图 5.25)。本模块与要素分类管理模块功能类似，主要包含以下功能：

a. 检索：根据名称查找；

b. 上级类型选择：选择显示本类型及下级类型的列表；

c. 列表选择：选择对应类型编辑对应的内容，须提供排序操作；

d. 编辑：可修改类型名称、父节点及排序号；

e. 保存按钮：保存已修改的内容；

f. 停用：提供禁用和启用功能。

图 5.25　后台作物管理界面

⑥作物管理

提供作物名称增加、删除、修改等维护工作及生长期设置(图 5.25)。本模块主要包含以下功能：

a. 检索：根据名称查找；

b. 作物类型选择：选择显示对应类型的作物列表；

c. 列表选择：选择对应作物类型编辑对应的内容，须提供排序操作；

d. 编辑：可修改作物编号、作物名称、作物图标、作物类型及排序号；

e. 保存按钮：保存已修改的内容；

f. 生长期管理：提供作物每年的生长期管理；

g. 停用：提供禁用和启用功能。

⑦指标管理

提供灾害指标、农用天气预报指标、在线分析指标、病虫害指标的类型维护及指标级别和指标计算模型的设置(图 5.26)。本模块主要包含以下功能：

a. 检索：根据名称查找；

b. 类型选择：选择显示对应类型的指标列表，类型分为灾害指标、农用天气预报指标、在线分析指标、病虫害指标等 4 类；

c. 列表选择：编辑选择的指标内容，须提供排序操作；

d. 编辑：可修改指标编号、指标名称、图标及排序号；

e. 保存按钮：保存已修改的内容；

f. 级别管理：提供指标的级别名称及图例颜色；

g. 模型管理：提供指标计算模型的动态配置，配置后指标通过配置好的模型动态计算指标值存入数据库中；

h. 停用：提供禁用和启用功能；

i. 本地化：默认显示上级地区的指标，上级指标改动后本级需更新，各地区可不显示上级指标或维护自己的指标类型及指标模型。

图 5.26　后台指标管理界面

⑧图例管理

提供通用的光、温、水等图例设置，要素管理通过绑定本模块的图例在地区分布图中显示对应的图例(图 5.27)。本模块主要包含以下功能：

a. 检索：根据名称查找；

b. 列表选择：编辑选择的图例内容，须提供排序操作；

c. 编辑：可修改图例编号、图例名称、是否使用动态色标、最大值、最小值及排序号、图例级别设置；

d. 保存按钮：保存已修改的内容；

e. 停用：提供禁用和启用功能；

f. 本地化：各地区可更新自己的图例。

图 5.27　后台图例管理界面

⑨链接管理

提供首页农业气象平台、地区农业产品、友情链接设置(图 5.28)。本模块主要包含以下功能：

a. 检索：根据名称查找；

b. 类型选择：选择显示对应类型的链接列表，类型分为农业气象平台、地区农业产品、友情链接 3 类；

c. 列表选择：编辑选择的链接内容，须提供排序操作；

d. 编辑：可修改链接名称、链接地址、链接图标及排序号；

e. 保存按钮：保存已修改的内容；

f. 停用：提供禁用和启用功能；

g. 本地化：各地区可不显示上级链接或修改自己的链接。

权限网站公告　图例管理　农气产品类型管理　链接管理

链接管理模糊搜索

链接类型：　模糊搜索

链接管理

添加　修改　删除　刷新

|  | 链接 | 排序号 | 状态 | 类型 |
|---|---|---|---|---|
| 1 | http://172.21.129.227/newquery2.asp› | 1 | 1 | 友情链接 |
| 2 | http://172.21.129.227/newquery2.asp› | 1 | 1 | 友情链接 |
| 3 | http://172.41.129.9/App/CP/DecisionS | 1 | 1 | 地区农业产品 |
| 4 | http://172.21.136.2/climate/yh_nqzhpç | 1 | 1 | 地区农业产品 |
| 5 | http://172.21.138.10:8080/ywpt/stnq/i | 1 | 1 | 地区农业产品 |
| 6 | http://172.21.144.234/index.aspx | 1 | 1 | 地区农业产品 |
| 7 | http://10.137.96.9:8080/ywc/ywc.asp?l | 1 | 1 | 地区农业产品 |
| 8 | http://172.21.146.6/qhzx/ | 1 | 1 | 地区农业产品 |
| 9 | http://172.21.142.104:84/ArticleList2.a | 1 | 1 | 地区农业产品 |
| 10 | http://172.21.140.66/wdzl.aspx | 1 | 1 | 地区农业产品 |

10　第 1　共2页　显示1到10.共20记录

图 5.28　后台链接管理界面

⑩产品类型管理

本模块主要提供农气产品分类的人机交互界面，方便业务人员添加产品分类(图 5.29)。本模块主要包含以下功能：

a. 检索：根据名称查找；

b. 上级类型选择：选择显示本类型及下级类型的列表；

c. 列表选择：选择对应产品类型编辑对应的内容，须提供排序操作；

d. 编辑：可修改产品类型名称、父节点、产品制作周期、是否关注及排序号；

e. 保存按钮：保存已修改的内容；

f. 停用：提供禁用和启用功能；

g. 本地化：各地区可不显示上级产品类型或修改自己的产品类型。

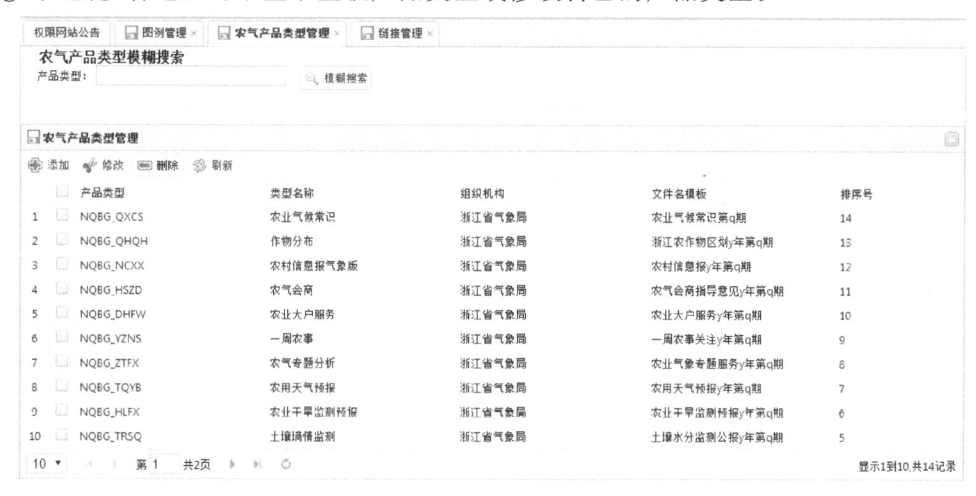


图 5.29　后台产品类型管理界面

⑪农气站点管理

对农田小气候站、农田基本站等信息进行编辑，对所观测要素进行勾选(图 5.30)。本模块主要包含以下功能：

a. 检索：根据名称查找；

b. 列表选择：编辑选择的图例内容，须提供排序操作；

c. 编辑：可修改图例编号、图例名称、是否使用动态色标、最大值、最小值及排序号、图例级别设置；

d. 保存按钮：保存已修改的内容。

⑫农气移除站点管理

剔除不参与制图的高海拔站、异常站等站点，保证数据的可靠性(图 5.31)。本模块主要包含以下功能：

a. 站点检索：根据站点名称查找站点；

b. 上级地区选择：选择显示本地区及下级地区的站点列表；

c. 站点列表选择：选择对应站点编辑对应站点的内容，须提供排序操作；

d. 站点编辑：可修改站点名称、简称、经纬度、所属地区、默认测站及排序号；

e. 保存按钮：保存已修改的内容。

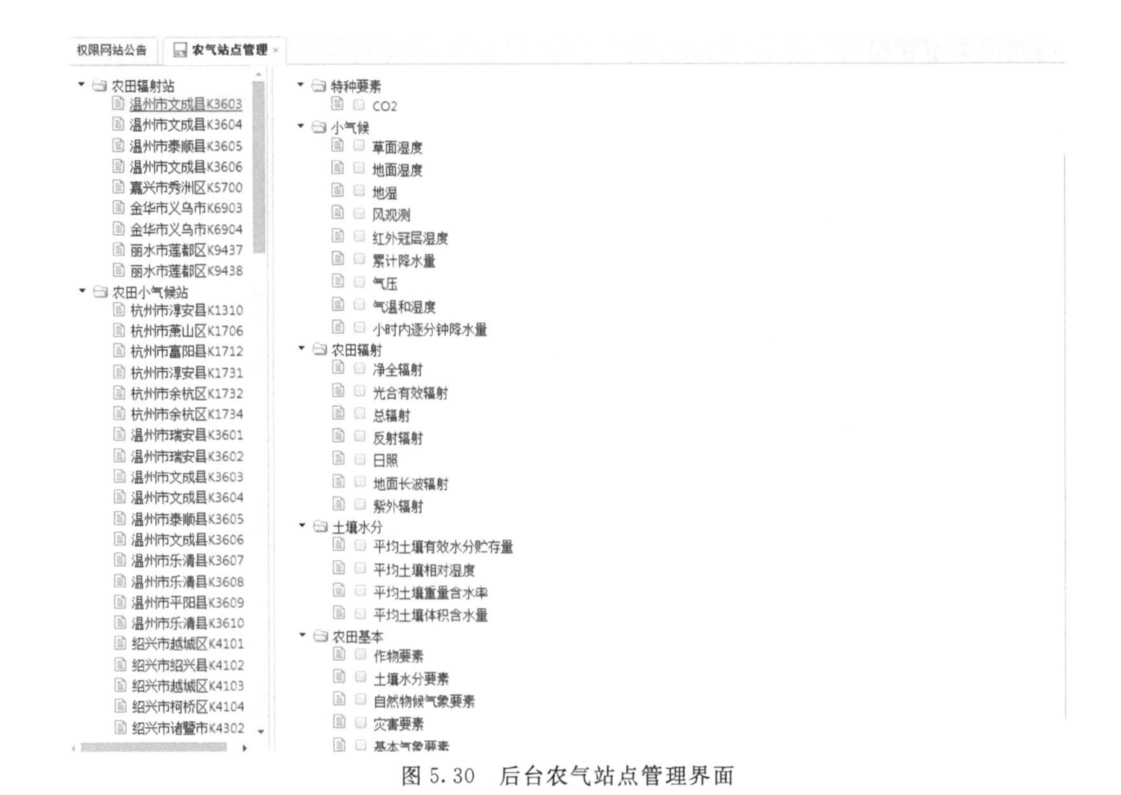


图 5.30 后台农气站点管理界面

权限网站公告 | 农气站点管理 | 农气移除站点管理

添加 修改 删除 刷新

| 站号 | 站名 | 类型 |
|---|---|---|
| 58550 | zhuji | 基本站 |
| 58557 | 123测试 | 基本站 |

图 5.31 后台农气移除站点管理界面

⑬区、县代表站管理

管理区、县级的代表站，发生变化时，进行编辑和修改(图 5.32)。本模块主要包含以下功能：

a. 站点检索：根据站点名称查找站点；

b. 上级地区选择：选择显示本地区及下级地区的站点列表；

c. 站点列表选择：选择对应站点编辑对应站点的内容，须提供排序操作；

d. 站点编辑：可修改站点名称、简称、经纬度、所属地区、默认测站及排序号；

e. 保存按钮：保存已修改的内容。

(3)数据服务

本模块提供指标数据同步的数据监控及手动同步功能(图 5.33)。本模块主要包含以下功能：

①通过后台指标库设置的指标将每天灾害监测预警、农用天气预报、在线分析系统、病虫害指标结果计算入库；

②时间段选择：选择对应时间段查看对应时间段的数据同步情况；

图 5.32　后台区、县代表站点管理界面

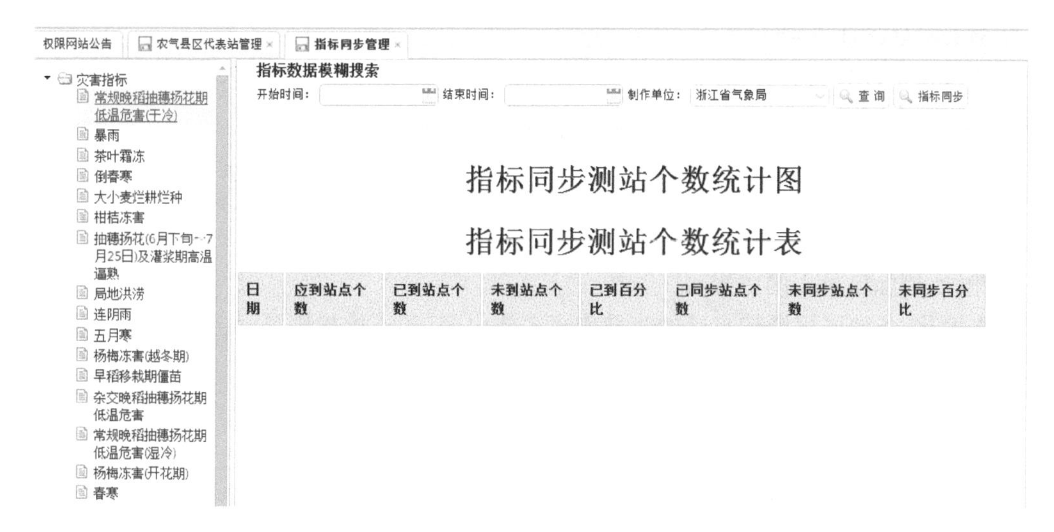


图 5.33　后台指标同步管理界面

③手动同步：提供选择时间段的手动同步功能；

④统计图：以统计图方式展示每天应到、已到、已同步数据的站点个数统计情况；

⑤统计表：以表格形式展示每天应到、已到、已同步数据的站点个数统计情况；

⑥本地化：各地区可管理自己的指标同步。

(4)业务管理

①跑马灯管理

本模块提供前台页头跑马灯模块的后台录入管理功能(图 5.34)。本模块主要包含以下功能：

a.其他自动生成的指标维护等类型的跑马灯内容的删除功能；

b.手动维护的跑马灯内容的维护管理功能；

c.本地化：各地区可管理自己的跑马灯内容。

图 5.34 后台跑马灯管理界面

②当前农事关注管理

本模块提供首页当前农事关注的后台录入管理功能，主要包含本周天气、本周作物及发育期、农事关注、农事建议等内容（图 5.35）。本模块主要包含以下功能：

a. 日期选择：选择年月周，录入该周的关注内容；

b. 内容录入：录入本周天气、本周作物及发育期、农事关注、农事建议；

c. 保存：保存到后台；

d. 删除：删除已录入的内容；

e. 本地化：各地区可维护自己的当前农事关注内容，若不维护则显示上级地区当前农事关注内容。

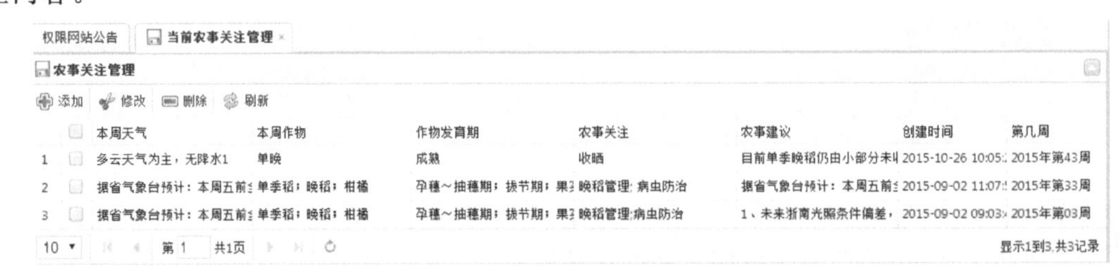

图 5.35 后台农事关注管理界面

③指标订正

本功能提供指标数据生成后的微调功能，对不满意的指标数据进行手工调整（图 5.36）。本模块主要包含以下功能：

a. 指标选择：选择指标编辑对应指标的内容，没有订正的指标需要提示未订正；

b. 日期选择：选择对应日期生成的指标进行编辑；

c. 统计图拉伸调整：通过拉伸统计图上的折线调整数值；

d. 表格编辑调整：通过填写测站的值调整指标；

e. 保存按钮：保存已修改的内容；

f. 本地化：各地区能调整自己的指标。

图 5.36　后台指标结果管理界面

④产品制作管理

业务产品制作模块实现业务人员对相关农业气象信息的分析和确认，通过业务平台制作情报、预报、预警等农业气象分析产品（图 5.37）。

权限网站公告　农气产品管理

农气产品模糊搜索

组织机构：全部　产品类型：　年份：　模糊搜索

农气产品管理

上传　编辑　新建　发布　删除　刷新

| | 显示名 | 文件名 | 类型 | 组织机构 | 是否首页显示 | 是否发布 | 上传时间 | 排序号 |
|---|---|---|---|---|---|---|---|---|
| 1 | 一周农事关注2016年第1期 | | 一周农事 | 浙江省气象局 | 是 | 否 | 2016-09-21 | 9 |
| 2 | 农业气象旬报2016年第16期 | 农业气象旬报2016 | 农气旬报 | 建德市气象局 | 是 | 否 | 2016-06-14 | 16 |
| 3 | 农业气象旬报2016年第15期 | 农业气象旬报2016 | 农气旬报 | 嘉兴市气象局 | 是 | 否 | 2016-06-08 | 15 |
| 4 | 农业气象旬报2016年第15期 | 农业气象旬报2016 | 农气旬报 | 绍兴市气象局 | 是 | 否 | 2016-06-08 | 15 |
| 5 | 农业气象月报2016年第5期 | 农业气象月报2016 | 农气月报 | 温州市气象局 | 是 | 否 | 2016-06-06 | 5 |
| 6 | 农业气象旬报2016年第15期 | 农业气象旬报2016 | 农气旬报 | 建德市气象局 | 是 | 否 | 2016-06-06 | 15 |
| 7 | 农业气象旬报2016年第15期 | 农业气象旬报2016 | 农气旬报 | 浙江省气象局 | 是 | 否 | 2016-06-06 | 15 |
| 8 | 农业气象旬报2016年第15期 | 农业气象旬报2016 | 农气旬报 | 富阳市气象局 | 是 | 否 | 2016-06-03 | 15 |
| 9 | 农业气象旬报2016年第4期 | 农业气象旬报2016 | 农气旬报 | 杭州市气象局 | 是 | 否 | 2016-06-01 | 4 |
| 10 | 农业气象月报2016年第5期 | 农业气象月报2016 | 农气月报 | 杭州市气象局 | 是 | 否 | 2016-05-31 | 1 |

10　第 1　共127页　显示1到10,共1270记录

图 5.37　后台产品制作管理界面

本模块提供后台产品模版的管理界面，用于维护产品制作默认套用的模板。本模块主要包含以下功能：

a. 产品类目选择：选择产品类目，编辑对应产品类目的产品；

b. 编辑：默认导入产品模版，用 word 编辑器编辑产品的内容；

c. 日期期号输入：输入这个产品是属于哪一期的产品，输入期号后产品名称和 word 中产品的标题自动生成；

d. 产品标题录入：可自定义产品标题；

e. 保存按钮：保存已修改的内容；

f. 产品上传：提供产品上传功能；

g. 产品下载：提供产品下载功能；

h. 本地化：各地区维护自己的产品。

## 5.3　系统应用

### 5.3.1　市级推广

现代农业气象系统的建设思路是建设成网页化、格点化、数字化的省、市、县一体化的现代农业气象系统。市级平台的模块和省级现代农业气象系统一致，包括：首页、农业气象灾害监测预警、农用天气预报、在线分析系统、农气观测监测、农业气象产品等模块，其显示方式、产品输出格式等都与省级平台一致。如在地区选择中选择嘉兴市、衢州市页面的文字、图、表均为对应的地区内容，图 5.38 是嘉兴市、衢州市的网页首页情况，图 5.39 是嘉兴灾害监测预警模块和农用天气预报模块显示图。

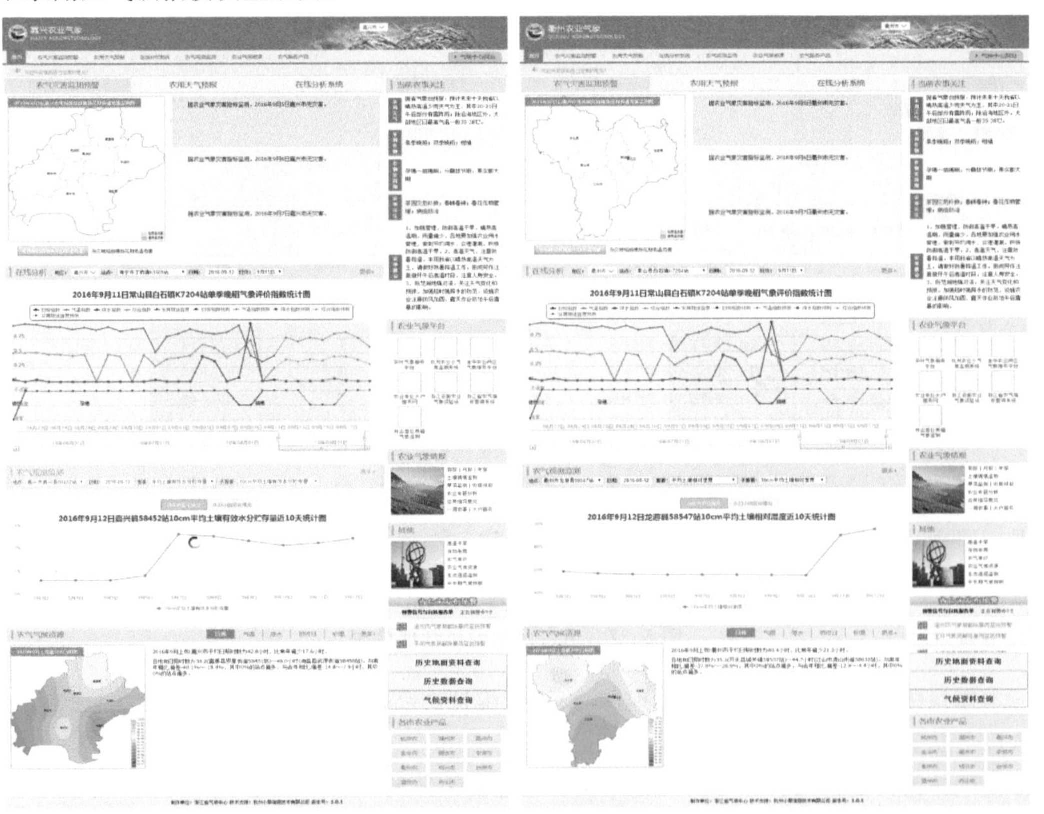


图 5.38　嘉兴市、衢州市的网页首页

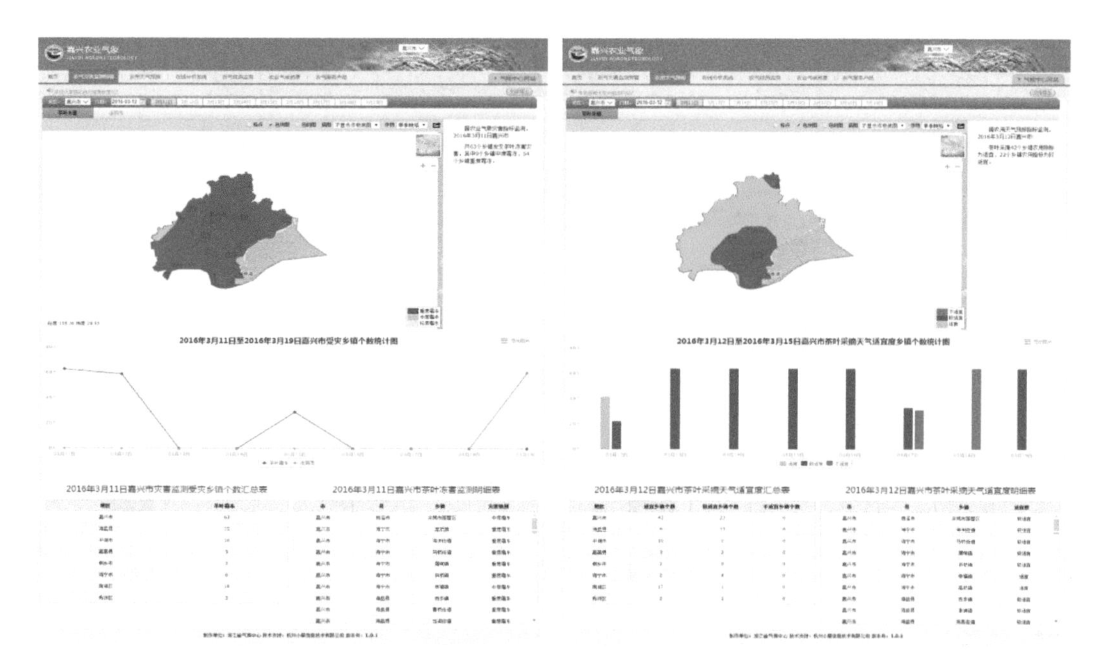


图 5.39 嘉兴灾害监测预警和农用天气预报模块网页显示

灾害监测预警模块、农用天气预报模块、在线分析模块等其他模块在选择对应的地区以后，网页显示为对应地区的图形，且数字化地图可以实现放大、缩小功能。专题图片可以单独导出，也可以对页面显示内容直接导出为 word 文档。灾害监测预警模块也实现了灾害监测和未来 7 天的预警。农用天气预报模块在春播春种、秋收秋种、茶叶采摘等关键农事农用期间的服务中已经实现了业务应用。

### 5.3.2 县级推广

类似于市级农业气象系统，县级平台建设农业气象系统和省级现代农业气象系统一致，也包括首页、农业气象灾害监测预警、农用天气预报、在线分析系统、农气观测监测、农业气象产品等模块，其显示方式、产品输出格式等都与省级平台一致。如图 5.40、5.41、5.42 所示给出部分县(区、市)的页面。

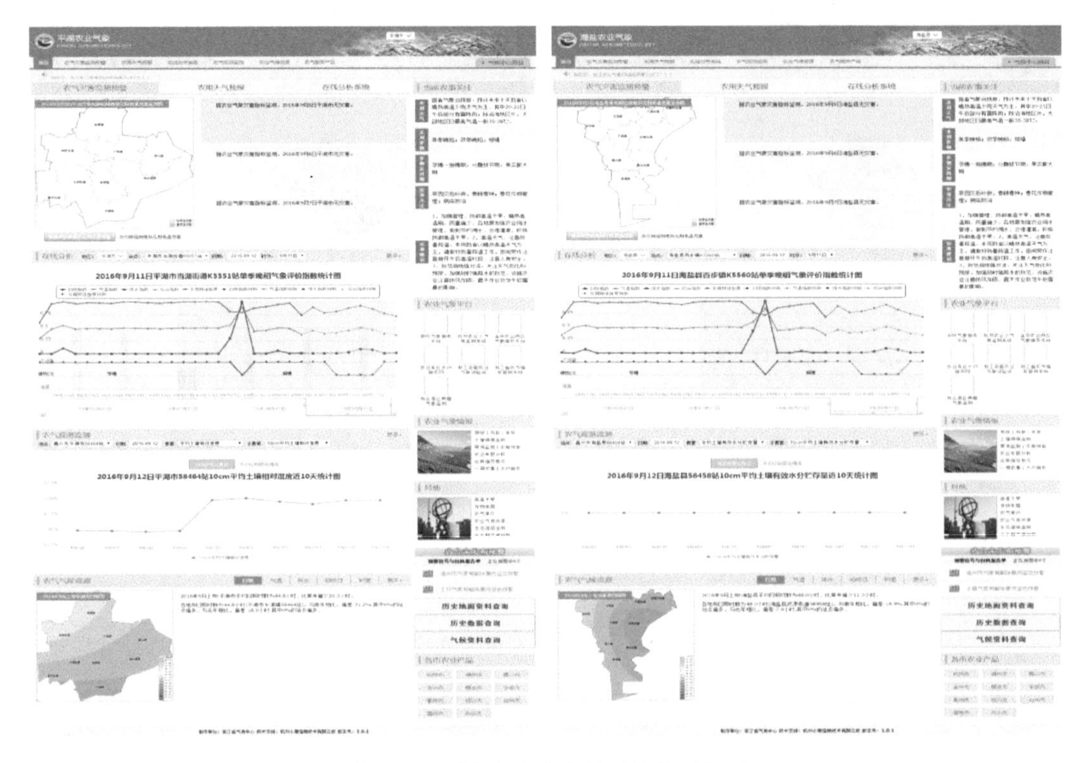


图 5.40 平湖市和海盐县系统首页界面

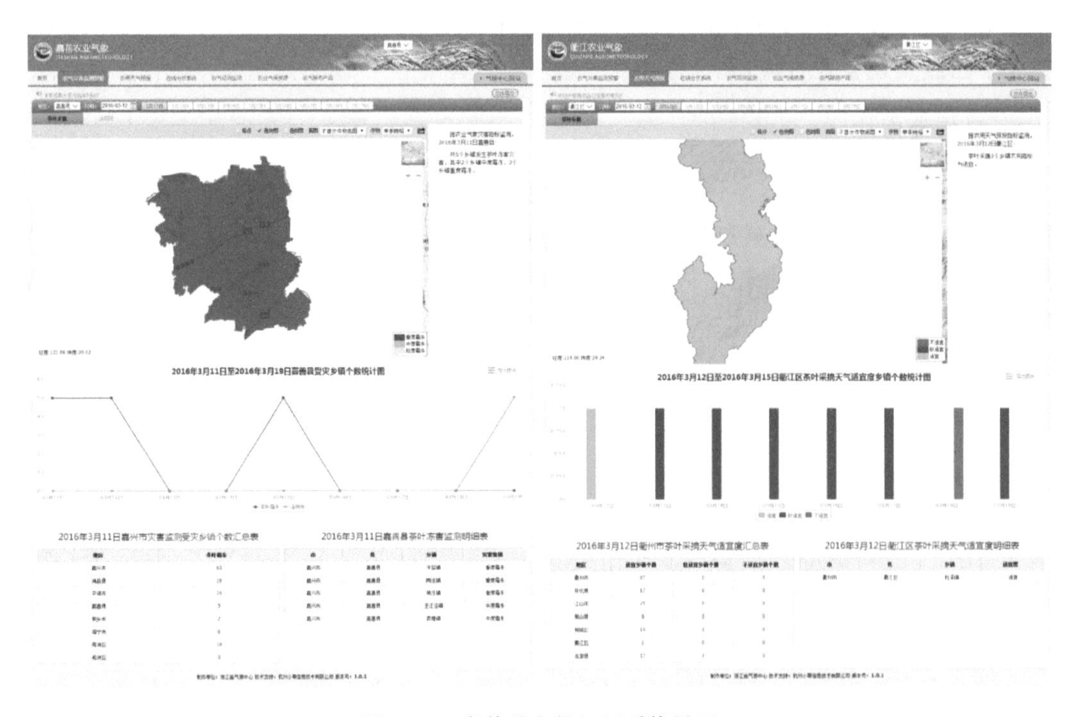


图 5.41 嘉善县和衢江区系统界面

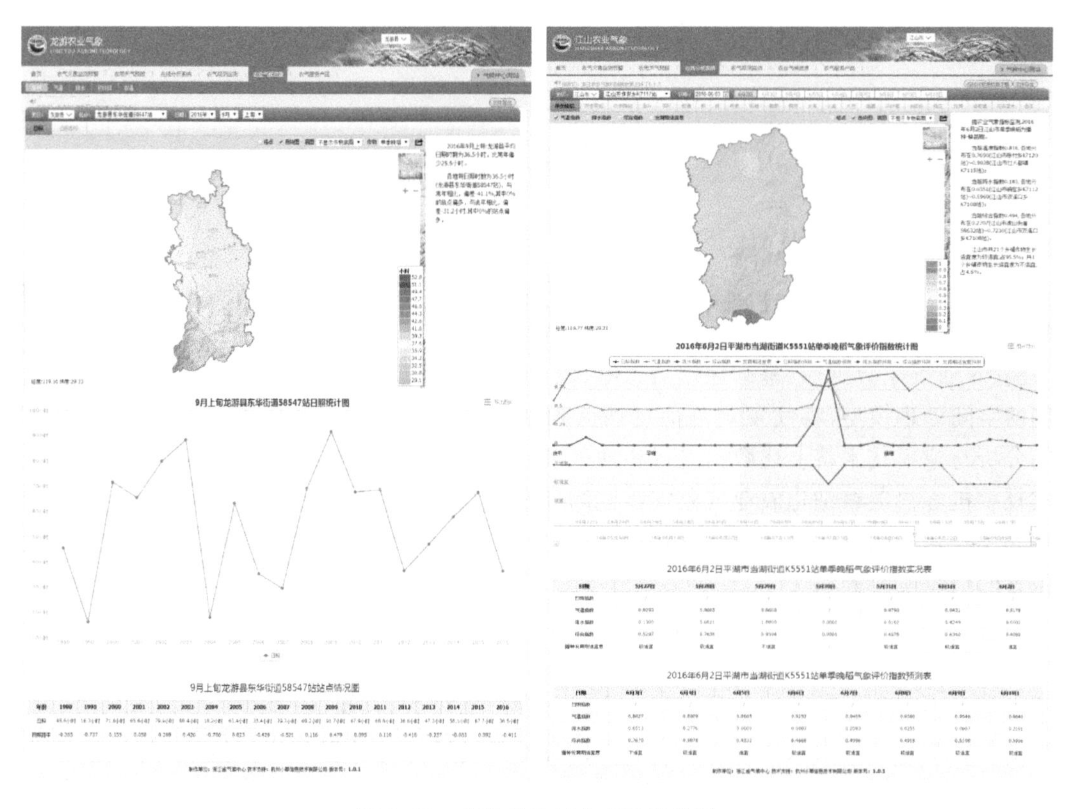

图 5.42　龙游县和江山市系统界面

# 第6章　智慧农业气象手机客户端

将气温、能见度、风向、风速、气压、雨量等要素的自动站资料进行网格化处理，结合作物气象指标、综合气候适宜度评价模型，研制全程性、多时效、多目标、精细化的现代农业气象情报库，建立农业气象数据库、基础地理信息库、农业气象产品数据库、农业气象监测信息库。选取不同的空间处理模型，将气象观测信息插值到空间区域上形成气象要素分布场，并利用 GIS 空间分析与建模技术将上述数据进行叠加处理后生成图形化的农业气象服务信息及产品。最终实现手机客户端精细化农业气象灾害监测预警和农用天气预报等服务信息推送。基于位置服务是其特色功能之一，既实现对用户所在位置的气象相关信息推送，还满足对用户任意关注点位置的信息实时推送。

## 6.1　运行机制

浙江智慧农业气象系统以安卓、苹果手机客户端形式对外发布，依托浙江省气象服务中心、省气象台、省气候中心、省信息网络中心、省气科所的基础数据，开发基于位置的农事适宜度预报、农业气象灾害预报、地图服务、作物监控等功能模块。前后台数据交互通过 AJAX 跨域调用后台 JSONP 接口实现。

## 6.2　系统及软件支撑

浙江智慧农业气象系统包括：数据处理系统、数据发布系统、地图服务系统、实时发布系统，采用以下相关技术实现。

系统主体框架基于 Android SDK 搭建，内部嵌入 HTML5 页面与 LeafLet 地图类库，各模块可快速迭代更新。

服务器端操作系统：服务器端采用 GNU/Linux、Windows 操作系统，主要为 RedHat Enterprise 5 版本和 Windows 2008 版本。

数据存储：数据存储服务程序采用 C/C++/Java 等编程语言进行开发，数据库拟采用 SQL Server 数据库软件。

数据通信：采用 C# 进行开发，采用基于内存的消息队列(zeromq)作为底层监控系统的异步消息队列接口，前端采用 AJAX 跨域调用 JSONP 数据服务接口。

移动端开发：为高效支持安卓、苹果手机客户端，使用原生加 HTML5 页面的方式进行 App 开发，安卓版在 Windows 操作系统下采用 Java 语言搭建框架，IOS 版在 Mac 操作系统下采用 Objective-C 语言搭建框架。内嵌的 HTML5 页面采用性能优越的开源 JavaScript 库 Leaflet，支持 HTML5 和 CSS3 框架及 ArcGIS API 接入。系统的数据和信息流程分为四个环节:数据信息采集、数据处理、服务管理和数据接口发布,四个环节呈递进关系,并相互关联。

## 6.3　系统子平台构成

浙江智慧农业气象系统总共包含以下五个子系统:数据采集系统、数据处理系统、数据发布系统、地图服务系统、实时展示系统,各系统业务流转如图 6.1 所示。

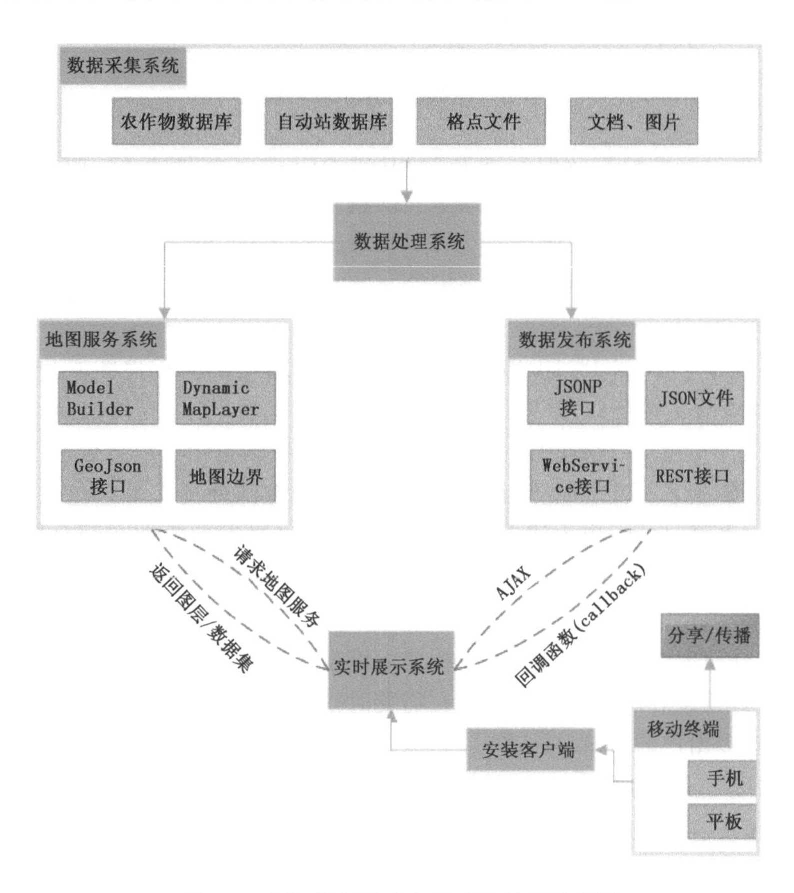


图 6.1　浙江智慧农业气象系统结构流程图

### 6.3.1　数据采集系统

数据采集系统基于省级产品数据,数据主要包括作物数据库、全省自动站实况数据库、全省面雨量数据库、格点数据文件等。作物信息数据采集与管理平台收集来自不同数据源的气象产品和数据,对接收到的数据由系统进行解包、解码、文件名校验等数据标准化处理,处理后的数据与产品实时同步至数据处理服务器进行加工处理,并上传至文件服务器进行备份保存。

### 6.3.2　数据处理系统

对数据采集系统采集的气象数据,数据处理系统根据不同产品的规格,将数据进行实时处理,并同步至地图处理服务器和数据发布服务器,对应数据处理结构如图 6.2 所示。

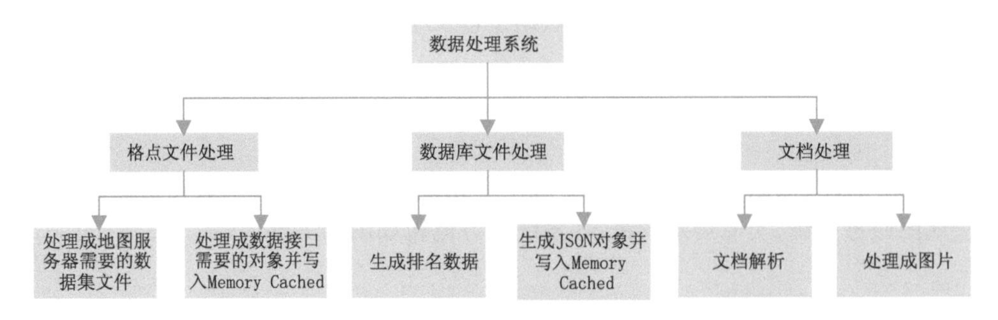


图 6.2 数据处理系统结构

系统将作物数据库的数据实时处理成 LeafLet API 所需要的点、线、面集合，将自动站数据库的数据生成地图服务系统需要的点集合和前端页面所需的分类排名集合数据，将各类气象格点数据文件统一处理成地图服务系统可以处理的 MICAPS 4 类或 2 类文件。

### 6.3.3 地图服务系统

地图服务系统基于 ArcGIS 10.2，实现将气象数据发布成动态地图服务（Dynamic Map Service Layer）和地图属性接口，对数据进行插值填色处理后，可以方便快捷地返回基于地理信息的图形化数据产品。系统使用的 ArcGIS ModelBuilder 是构造地理处理工作流和脚本的图形化编程工具，集成了 3D、空间分析、地理统计等多种空间处理工具，可以将各类格点数据产品与高速公路、水库、海区、电力线路分布等基础地理数据进行各类空间叠置分析。使用建模器可以简化复杂空间处理模型的设计和实施，运用直观的图形语言将具体的建模过程表达出来。简单的模型包括模型输入、输出分析和处理工具三方面内容，复杂的分析过程可以由一系列简单模型组合而成。使用模型生成器构建的模型可以自动执行所定义的操作功能。当模型经过检验和执行无误后即可被保存以便在需要时候使用。模型的建立和应用有很大的灵活性，而且能够实现多用户的共享。

模型构建器除了有助于构造和执行简单工作流外，还能通过创建模型并将其共享为工具来提供扩展 ArcGIS 功能的高级方法，模型构建器甚至还可用于将 ArcGIS 与其他应用程序进行集成。具体模型构建流程如图 6.3 所示。

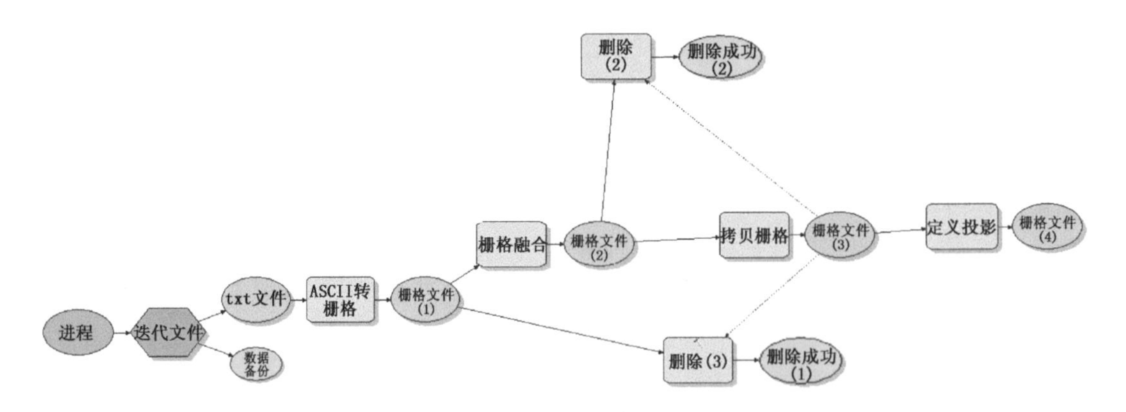


图 6.3 地图服务系统模型结构

### 6.3.4 数据发布系统

数据发布系统将经过数据处理系统预处理的数据发布成可供前台实时调用的 WebService 接口。由于前端实时发布系统采用 HTML5 和 JavaScript 框架，为了便于跨域访问，统一将数据接口封装为 JSONP 格式，通过 AJAX 调用服务器的 URL Service，通过解析返回的 callback 功能对象获取诸如预报点、未来天气等实时数据。数据发布系统框架如图 6.4 所示。

图 6.4 数据发布接口

### 6.3.5 实时发布系统

实时发布系统作为整个智慧农业气象系统的最前端，包括实况天气、预报天气、农事预报、农业灾害预警、作物监控、地图服务等多个功能模块，在系统架构上，主要包括基础地理信息（边界、底图）、动态气象图层、实时气象信息、系统辅助功能、交互分享等功能块。选用了纯 HTML5 的技术框架，并使用 ArcGIS 旗下的 LeafLet 轻量级地图类库实现地理信息的显示、分析。经过优化处理，系统体量非常小。系统在加载大量数据的前提下还能保证超快的访问速度，首先得益于 LeafLet 对 ArcGIS JavaScript API 的优化，整个 JS 代码只有 33K，但是功能强大，提供 140 余种地图插件服务，显示 3 万条数据大约用 0.6 s，完全可以满足普通的地图显示、交互功能。其次，系统将所有的气象数据图层发布成了动态地图服务（Dynamic Map Service Layer），该服务直接将所要展示的数据在服务器端发布成一个 Map Service，在客户端根据地图缩放比例及屏幕范围，调用 ArcGIS Dynamic Map Service Layer 获取服务器动态生成的一张图片（图 6.5），即可进行展示。功能上，如果想查询的话可以使用 Identify/Find/Query Task 来达到目的。

### 6.3.6 基于位置服务系统

基于位置的农业气象服务系统作为实时发布系统核心之一，包括实况天气、预报天气、农事预报、农业灾害预报、作物监控、地图服务等多个功能模块，结合手机客户端 GPS 定位功能，开展基于位置的定向农业气象服务技术，对监测与预报格点范围内的任意位置实现农业气象服务。通过实时分析将气温、雨量、日照、风速等要素的自动站资料进行网格化处理，结合作物气象指标、综合气候适宜度评价模型、作物灾害性评价模型研制全程性、多时效、多目标、精细化的现代农业气象情报库，建立农业气象数据库、基础地理信息库、农业气象产品数据库、农业气象监测信息库，并结合手机定位技术进行位置获取，最终通过两者结合对用户进行基于位置的农作物生长期，农事活动以及灾害性天气的信息服务，为该用户实时推送相关的天气影响提醒信息，帮助用户规避灾害性天气的不利影响。相应的截图如图 6.6、图 6.7、图 6.8、图 6.9 所示。

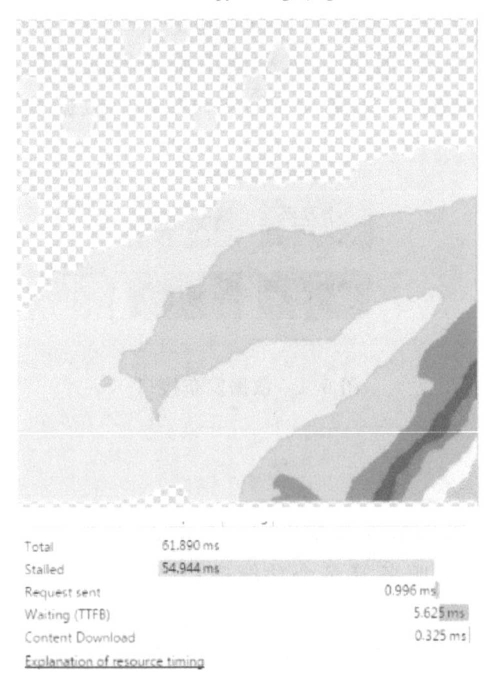


图 6.5 获取动态图层

图 6.6 基于位置的天气实况

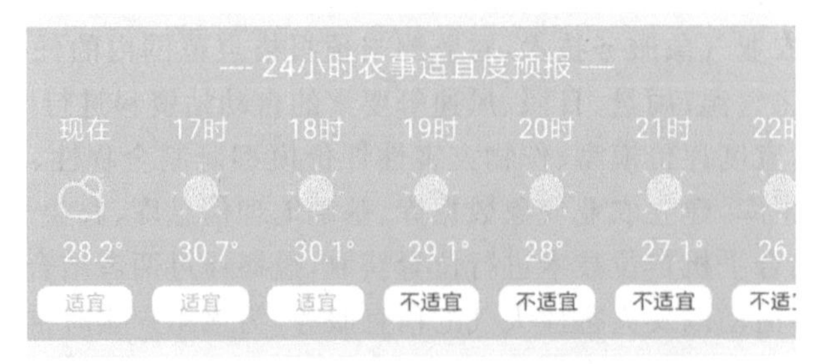


图 6.7 基于位置的 24 小时农事适宜度预报服务

图 6.8　基于位置的逐日农事、作物生长期适宜度预报服务

图 6.9　基于位置的逐日农业气象灾害预报服务

## 6.4　系统硬件架构

浙江智慧农业气象系统依托于“智慧气象”服务器，同时考虑到其后续功能扩展、负载均衡及数据备份等相关功能。在此利用磁盘阵列能有效保护核心产品数据的物理安全，其中 WEB 数据和 ORACLE 核心数据都通过光纤交换机直接存储在磁盘阵列；前端采用 WEB 集群设备 F5-LTM 的 WEB 接入，实现网络负载均衡，WEB 服务采用多台服务器(可根据用户实际访问情况增加 WEB 服务器)，解决了 WEB 服务的负载均衡、多链路访问和服务器的热备份功能，保证了 WEB 服务的有效性。浙江智慧农业气象系统总体硬件架构设置如图 6.10 所示。

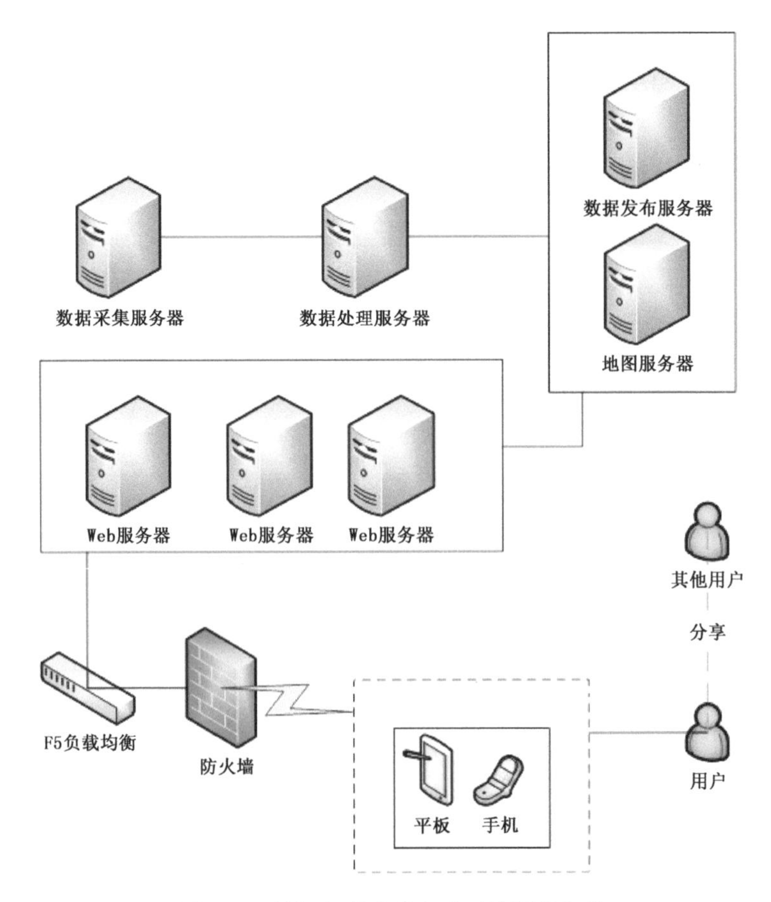


图 6.10 浙江智慧农业气象系统硬件架构

# 第7章 系统应用服务

## 7.1 农业气象业务平台

浙江省气候中心基于“现代农业气象系统技术研发与应用”项目，以浙江全省地面气象观测网数据为基础，依托 OpenLayers 组件开展了基于 WebGIS 技术的农业气象业务平台的研究，为开展作物全程性、定量化、精细化的现代农业气象信息服务提供重要技术工具。平台包括农业气象灾害监测预警、农用天气预报、在线分析系统、病虫害监测预报、产量预报、农气观测监测、农业气候资源、农气产品、后台等 9 个功能模块组成，建设成果已实现全省共享，省、市、县(区)等通过内网可以进行访问和业务产品制作、发布等，对指导地市农业气象业务服务提供了有效的工具。

### 7.1.1 省级应用

2013 年开始，平台研发的农用天气预报模块陆续在全省各地应用，其中早稻收割适宜度、杨梅采摘适宜度、晚稻收割适宜度、茶叶采摘适宜度等产品在省、市、县各级得到应用与服务。2014 年和 2015 年，平台得到继续改进和进一步研发，以项目研究为契机，2016 年平台在农业气象灾害监测预警、农用天气预报、农业气候资源等模块做了拓展和进一步推广应用，发布和指导发布材料超过 500 余件，有效地为农业气象业务服务提供了良好的技术支持和业务指导(图 7.1)。

农业气象灾害监测预警模块实现滚动监测预警功能，在茶叶霜冻预警等灾害发生时发挥了重要作用；农用预报模块已经在省级得到应用；在线分析系统实现了定量监测气候资源对作物(单季稻)的影响；农业气候资源模块可以便捷地查询任意时间、任意市县的农业气候资源，为科学分析农业情报、指导合理安排农事农时提供了便捷的工具；农业气象服务产品模块使省级业务产品实现全省共享，为指导地市开展农业气象服务，特别是重大农业气象灾害服务(如 2016 年超级寒潮等)提供了有力的指导。

### 7.1.2 市级应用

平台建设的指导思想是建成省、市、县一体化的农业气象业务平台，在完成省级业务平台的同时，研发了 11 个市级的农业气象业务平台。11 个市通过内网可以访问本地化的业务平台。2013 年开始，课题组就开始着手平台研发和应用工作，2016 年全省基于该平台制作产品超过 200 余件，包括早稻播种、杨梅采摘、早稻收割、茶叶采摘、柑橘采摘、晚稻收割等关键农事季节的农业气象服务产品(图 7.2)。

气象服务效益评估

2015年第3期

衢州市气象服务中心 2015年12月10日

2015年初霜冻（柑橘采摘期）气象服务效益评估

一、11月气候概况及对柑橘收获期的影响

1、平均气温较常年显著偏高

11月份全市平均气温14.5℃，较常年异常偏高1.4℃，比去年同期偏高0.1℃。各站月平均气温在14.2（常山、开化）~14.9（衢州）℃之间，较常年偏高0.6（常山）~2.0（开化）℃。全市月极端最高气温为29.6℃，7日出现在龙游；全市月极端最低气温为-0.5℃，27日出现在开化。

本月上旬各站平均气温15.5~16.5℃，常山较常年偏低0.2℃，其他各站较常年偏高0.7~1.2℃；中旬各站平均气温15.2~15.9℃，各站较常年异常偏高2.0~3.5℃，其中龙游位列建站第2位，开化位列建站第3位；下旬各站平均气温11.7~12.3℃，较常年偏高0.2~1.5℃。

2、月降水量较常年异常偏多

11月份全市各站降水量200.4（江山）~263.5（常山）毫米，各站较常年异常偏多1.5~2.5倍，常山、龙游、开化位列建站第2位，衢州、江山位列建站第3位，全市平均降水量为237.5毫米，较常年偏多2倍，比去年同期偏多127.8毫米，位列建站第2位。月降水日数全市各站19（开化）~22（江山）天，较常年偏多10~13天，各站均破历史最多纪录。

上旬各站降水量为84.5~111.9毫米，较常年异常偏多2.4~3.3倍，其中常山位列建站第2位；中旬各站降水量为100.1~141.7毫米，较常年异常偏多2~3.9倍，其中衢州、常山、开化破历史最多纪录，江山、龙游位列建站第3位；下旬各站降水量为11.6~15.8毫米，各站较常年偏少2~5成。

3、日照时数较常年偏少

11月全市月日照时数42（衢州）~59（龙游）小时，各站较常年异常偏少6~7成，其中常山、龙游、开化均破历史最少记录，衢州位列建站前3位。全市平均日照时数为48小时，较常年异常偏少6成，比去年同期偏少46小时，破历史最少记录。上旬各站日照时数16~27小时，较常年显著偏少5~7成，其中常山位列建站前3位；中旬各站日照时数5~11小时，较常年异常偏少7~9成；下旬各站日照时数18~21小时，较常年偏少4~6成。

今年从10月27日开始至11月份，我市出现历史罕见的连续阴雨寡照的异常天气，当时正处柑橘采摘期，阴雨寡照天气既影响柑橘采摘又影响品质，最终影响柑橘贮存和销售。另外，受强冷空气影响，11月27日早晨，衢州大部地区日最低气温达到0℃左右，并且出现了今年的初霜冻，柑橘主要种植区域柯城、衢江、常山、龙游最低气温跌至零下1-2℃。今年初霜冻特点：**来的早**。2010年以后，

气象灾害评估报告

2016年第1期

衢州市气象服务中心 2016年1月28日

1月25日衢州市柑橘冻害评估报告

**【结论】2016年1月21～26日全市出现雨雪冰冻天气过程，特别是1月25日早晨最低气温全区在-8到-10℃之间，局部山区达到-10℃以下，柑橘树遭受较严重冻害。根据气象因素和灾情调查结果分析，本次柑橘冻害等级普遍达到3级冻害，小部分受灾较轻，山地比平地严重。据民政部门统计此次雨雪冰冻天气造成全市农业直接经济损失3.79亿元。**

**一、雨雪冰冻天气概况**

1月21日至25日受强冷空气南下影响，衢州地区出现了历史罕见的寒潮雨雪冰冻天气过程。21日白天全市出现雨转雨夹雪天气，局部山区出现降雪，21日夜里至22日全市自北而南出现降雪，23日雪止转阴到多云，24日至25日受冷空气主体南下影响，全市出现低温冰冻天气。

**1、雨雪概况**

本次过程1月21日以雨夹雪为主，主要降雪时段集中在22日，全市普降中到大雪，部分暴雪。截至22日20时全市普遍积雪深度达3到6厘米，东北部部分地区达10厘米以上，山区积雪达20到30厘米；其中市本级和各县站积雪深度如下：衢州5cm、龙游11cm、开化2cm、常山2cm、江山1cm，乡镇最大积雪出现在七里达到30 cm。

**2、低温冰冻空间分布情况**

1月24日和25日受强冷空气主体南下控制影响，天空状况转好，早晨辐射降温明显，全市出现低温天气并伴有冰冻或严重冰冻现象。24日早晨全市最低气温普遍在零下4到零下6度，山区乡镇零下6到零下9度，当日市县本站最高气温除江山为0.2度外其余均在0度以下。尤其是25日早晨全市最低气温均在零下7到零下9℃，山区乡镇达零下9度到零下11度，出现了严重冰冻现象，其中有55个乡镇站点在-10℃以下，衢州市县城区最低气温分别为：开化-9.6℃、龙游-8.9℃、衢州-8.7℃、常山-8.4℃、江山-7.8℃，乡镇最低气温出现在七里乡-16.2℃（详见图1）。

农用天气预报

农业气象 2015年总第9期

温州市气象服务中心 2015年3月26日

近期天气影响及设施蔬菜管理提示

一、进度及前期天气影响

3月23-25日以多云到阴天气为主，3月26日下午开始又转为阴雨天气，日平均气温维持在11-14℃之间，日照基本满足生长需要，总体上对设施蔬菜的生长比较有利。

二、天气趋势预测

预计3月27日阴止转多云天气，3月28日为多云，3月29-30日为多云到阴有阵雨天气，3月31日-4月4日以多云到阴为主。

气温上，预计3月27日后气温回升较大，日最高气温都在20℃以上。

二、设施蔬菜管理农事建议

1、近一段时间天气以阴过程为主，天气变化快，设施蔬菜要加强管理工作。

2、在气温回升，日照增加的条件下，大棚设施内气温升高快，根茎出现高温。所以，设施蔬菜种植农户需特别注意天气变化，在多云天气中，上午就开始通过通风等措施降低棚内气温，控制气温在30℃以下，避免大棚设施内温度过高导致伤苗和落果。

3、3月29日-31日降水增多，大棚设施内湿度也容易过高，注意利用白天降水间隙适度相对较低时段通风降湿，减少病害发生。

温州市气象服务中心

2015年3月26日

图7.1 省级应用农业气象业务平台的服务产品

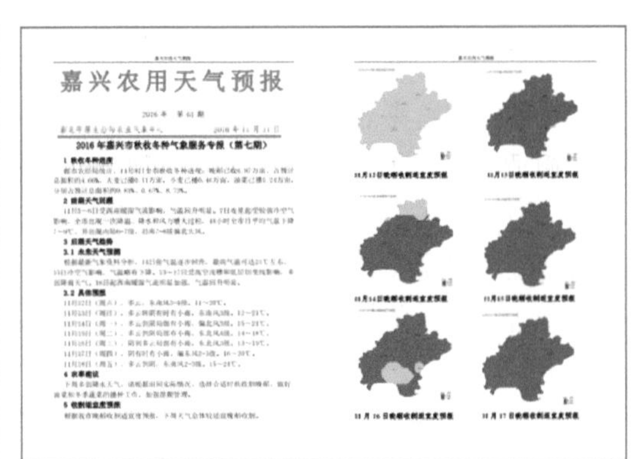

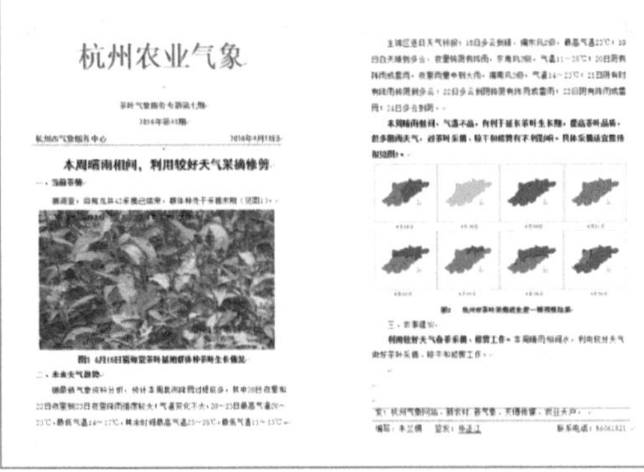

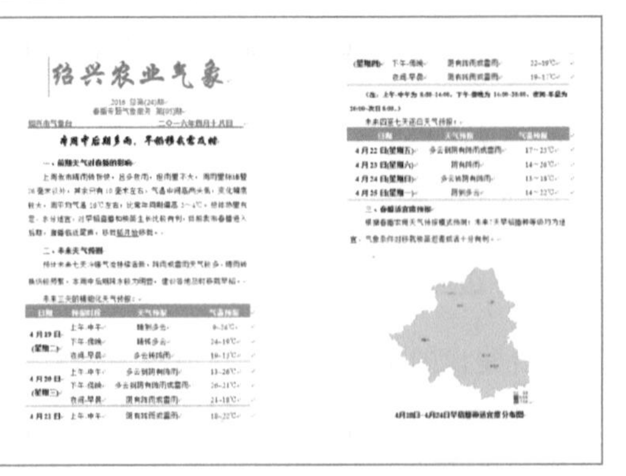

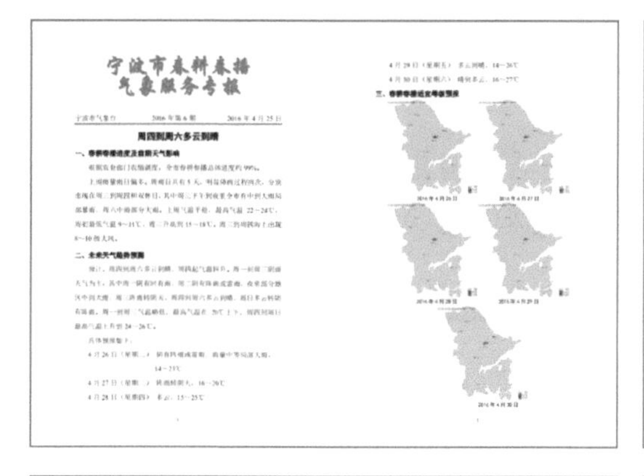
宁波市春耕春播
气象服务专报

周四到周六多云到晴

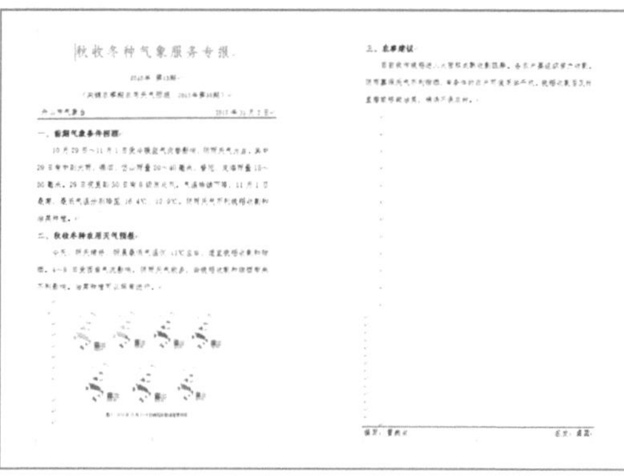
秋收冬种气象服务专报

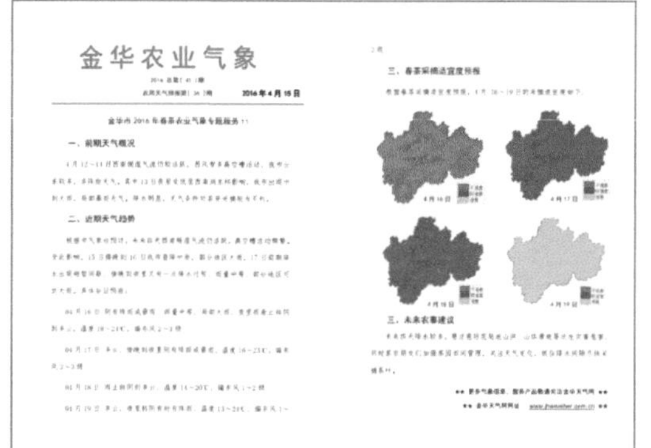
金华农业气象

一、前期天气概况

二、近期天气趋势

三、春茶采摘适宜度预报

三、未来农事建议

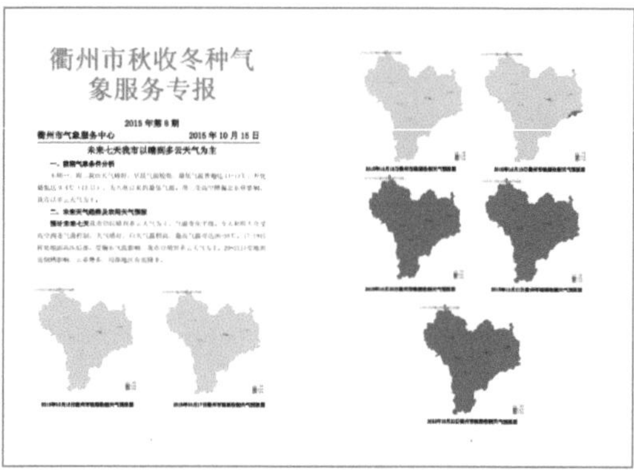
衢州市秋收冬种气
象服务专报

2015年第8期

衢州市气象服务中心　2015年10月18日

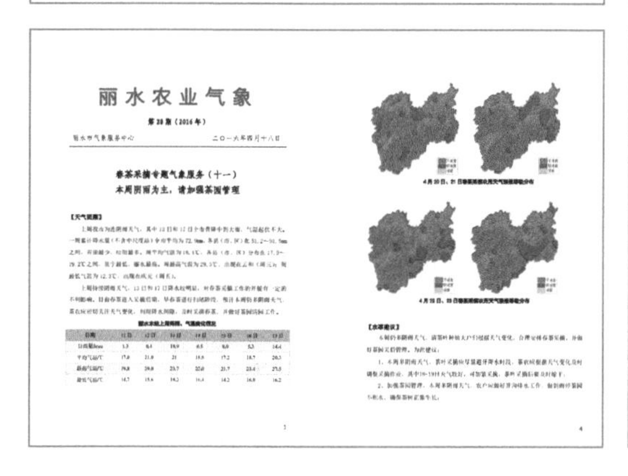
丽水农业气象

春茶采摘专题气象服务（十一）
本周阴雨为主，请加强茶园管理

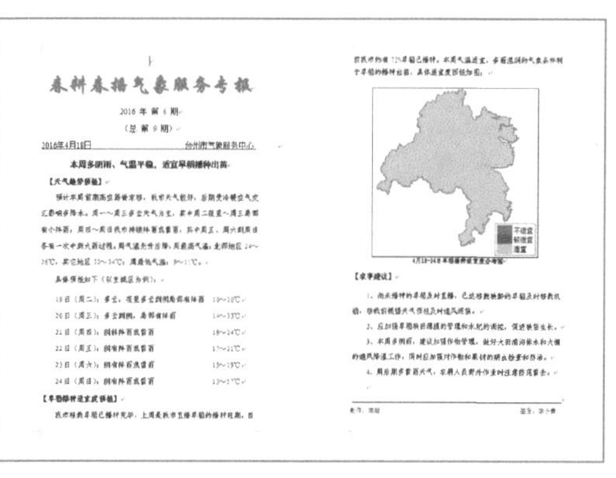
春耕春播气象服务专报

图 7.2　市级应用农业气象业务平台的服务产品

### 7.1.3　县级应用

平台建设的是省、市、县一体化农业气象业务平台。与市级研发思路一致，2013 年平台构建了 90 个县（区）级农业气象服务平台，在后续的研发中县级页面随着现代农业气象业务平台逐步完善。平台都采用 B/S 构建，通过网页访问，可以查看到本地化的图标、统计信息、图（表）等，一方面，丰富了基层业务服务手段，另一方面，集约了资源，避免了二次开发。同时，平台的所有信息都向全省开放，地方如果有特殊需求，可以根据自己的特色进行本地化处理。

## 7.2　智慧农业气象 App

智慧农业气象 App 自 2016 年 11 月 13 日在各大 App 应用市场上线以来，下载量与日俱增，截至 2018 年 8 月 22 日，下载量已经超过了 20000 次(图 7.3)。

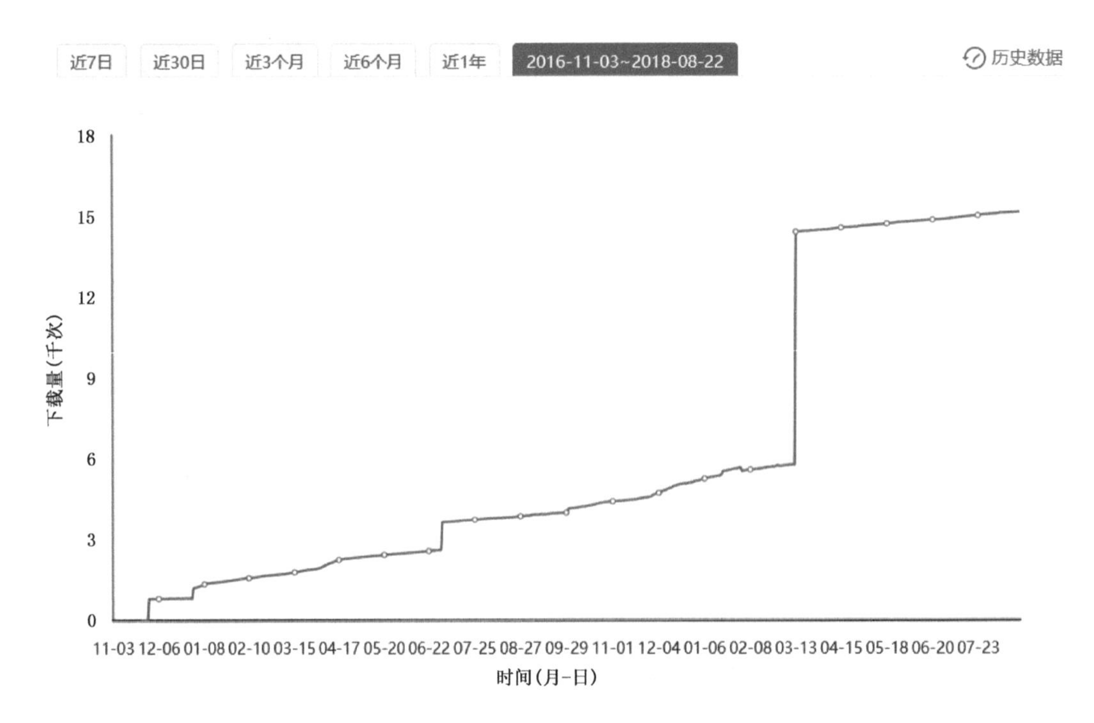


图 7.3　智慧农业气象 App 的下载量

智慧农业气象 App 自上线以来得到了全国农业气象和相关行业的密切关注，全国总下载量甚至超过了浙江省本地的下载量，各地的下载量分布如图 7.4 所示。

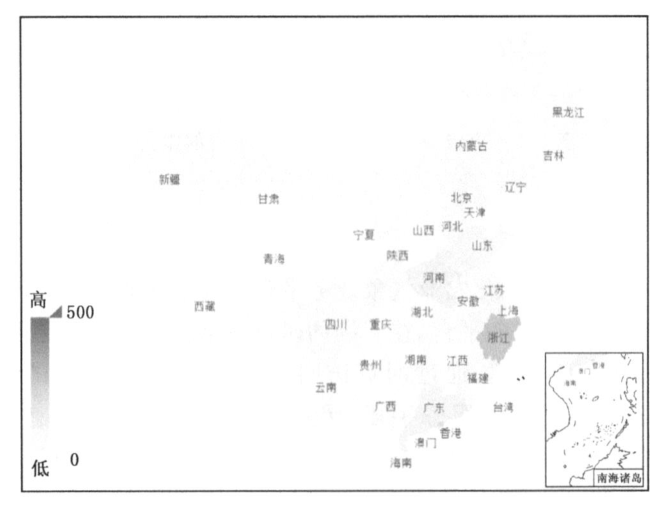


图 7.4　下载智慧农业气象 App 的地区分布

## 7.3　农村信息报

农村信息报是浙江农业气象服务与传统媒体优势互补的有效信息传播途径。通过与浙江农村信息报合作，每月有固定的版面预留给农业气象服务，包括实时的农情、灾情、农业气象防御、三农服务等惠民惠农信息，扩大农业气象服务和科普范围(图 7.5)。

4 浙江气象
【总第0107期】
2016年1月2日

好天气敲开新年大门

这几天我省天气晴到多云为主

面向全国 投保方便

我省推出“互联网+”气象指数保险

农户投保很方便

气象技术体系是关键

嘉善气象 助力大气污染防治

4 浙江气象
【总第0115期】

高温会卷土重来吗

高温还会来吗

台风进入活跃期

宁波强化重点行业高温气象服务

浙江省农气中心开展水稻生长模型试验

建水稻生长模型，产量提前预估

松阳茶叶气象服务列入科技创新规划

龙泉建成浙江海拔最高的森林自动气象站

桐庐：一个电话，气象证明送到家

图 7.5　浙江省农村信息报(气象版)

## 7.4　电子媒体

农业气象服务产品推送至浙江气象服务中心，通过其微信、微博等可以扩大受众面；通过与浙江省供销社 App 合作，将关键农事季节的农事活动适宜度产品推送到千家万户；通过电视访谈节目，打造浙江省气候品质认证的“拳头”产品。

图 7.6　浙江省农业气象服务的媒体采访

## 7.5 服务走向田间地头

农业气象服务与农业气象调研紧密相关，在重大农业气象灾害发生时，省、市、县农业气象服务人员会根据灾情特点，或者省、市、县联合会诊，或者与多部门联合调研，走到田间地头服务农业。如 2013 年浙江特大干旱，浙江省农气中心连续发布的农业气象干旱专题服务材料发挥了很好的指导作用；2016 年超级寒潮，浙江省农气中心结合调研与平台，持续发布茶叶霜冻预警服务材料，服务材料被网络和媒体广泛转载，指导农户进行防灾救灾。此外，省、市级选取各地有代表性的大户进行一对一服务；县级搜集整理本县(区)的农业大户信息进行全覆盖服务，在灾害性天气发生前进行预警和农业生产提示。如浙江慈溪基本覆盖全市各乡镇主要的种植大户，包括大棚种植户、大田种植大户、水产养殖户等，以及乡镇农业一线的领导和农技人员，共计有免费短信用户 5000 多户，每年累计发布农用天气预报服务短信 200 万条以上。除手机短信，其他获取农事信息的方式有“96121”电话咨询、电视气象、网络、下乡现场调查与服务、农户座谈会等(图 7.7)。

图 7.7　农户座谈

## 7.6　成果推广

(1)业务培训

组织业务培训20余次，其中视频培训1次；省级组织农业气象业务人员培训4次；2015年、2016年全省组织对11个市农业气象业务人员进行轮流培训，对龙游、德清、慈溪等区县业务人员进行培训(表7.1)。2017年的智慧农业气象App培训是专门针对农业大户进行的App功能及应用宣讲，为App的进一步研发和服务到民奠定了基础。

表7.1　部分农业气象培训详单

| 时间 | 地点 | 培训内容 | 培训形式 | 培训对象 | 参加人数 |
|---|---|---|---|---|---|
| 2013年12月17日 | 浙江省气象科技大楼 | 农业气象业务系统 | 视频 | 全省业务人员 | 200 |
| 2014年5月19日 | 防雷科技大楼 | 农业气象业务系统 | 会议 | 全省业务骨干 | 100 |
| 2015年4月25—26日 | 绍兴市气象局 | 农业气象业务系统 | 会议 | 绍兴市气象局 | 80 |
| 2015年4月27—28日 | 宁波市气象局 | 农业气象业务系统 | 会议 | 绍兴市气象局 | 80 |
| 2015年4月29日 | 台州市气象局 | 农业气象业务系统 | 会议 | 绍兴市气象局 | 80 |
| 2015年11月5日 | 防雷科技大楼 | 农业气象业务系统 | 会议 | 全省业务骨干 | 100 |
| 2016年4月11日 | 湖州市气象局 | 农业气象业务系统 | 会议 | 绍兴市气象局 | 80 |
| 2016年5月11日 | 防雷科技大楼 | 农业气象业务系统 | 会议 | 全省业务骨干 | 100 |
| 2016年8月11日 | 龙游县气象局 | 农业气象业务系统 | 会议 | 全省业务人员 | 200 |
| 2017年7月13日 | 洞头区气象局 | 农业气象服务 | 会议 | 洞头、泰顺、文成和省气候中心人员 | 50 |
| 2017年8月4日 | 嘉兴市气象局 | 智慧农业气象手机客户端 | 会议 | 农业大户 | 100 |

(2)推进试用

为了加快平台落地，浙江省气象局减灾处、预报处等多次组织地市推进平台落地。

# 第8章　农业气象信息在线分析处理系统(AIOLAPS)

在线分析处理(OLAP)是共享多维信息的、针对特定问题的联机数据快速访问和分析的软件技术,是分析人员、管理人员或执行人员获得对信息数据深刻认识的工具。它可以访问各种可能的数据信息,并且保证访问过程的迅捷性、访问数据的一致性和访问手段的交互性,它支持复杂的分析操作,侧重决策支持,并且提供直观易懂的查询结果。我们针对现代农业气象服务需求,建立了以气象指数为主的农业气象影响评价和以作物模拟模型为基础的主要农作物生长发育动态诊断模型指标体系;以数据创库为基础,利用 OLAP 技术,设计和开发了农业气象信息 OLAP 系统(Agrometeorological Information Online Analytical Processing System, AIOLAPS),建立新型的现代农业气象业务系统,为开展主要农作物的全程性、多时效、多目标、定量化、精细化的现代农业气象信息服务提供重要技术工具,为现代农业气象服务体系建设提供重要技术支持。

## 8.1　系统简介

遵循“多维概念视图、客户/服务器体系结构、动态处理准则、多用户支持能力、直观的数据操作、不受限的维与聚集层次”等原则,以 OLAP 为核心技术构建全程性、多时效、定量化的农业气象监测分析、预测预报系统,包括指标编辑器、知识编辑器(推理)、区间统计、基本信息查询、区域图形绘制及后台管理等主要模块,实现精细化的作物农业气象条件诊断和评估、灾害监测预警、农用天气预报等产品的制作功能。

### 8.1.1　系统结构

农业气象信息在线分析处理系统是针对农业气象精细化服务的需求而构建的一个集信息采集、查询、分析、监测、评价、预测、发布一体的综合信息处理平台,以达到科学、系统、合理、智能、高效处理农业气象信息的目的。

整个系统主要分为六个层次(图 8.1):数据资源层、基础架构服务层、基础服务支撑层、系统业务层、系统应用层、系统门户层。包括物理安全、网络安全、系统安全、应用安全、数据资源安全在内的安全保障体系和包括技术标准、管理标准、数据标准和业务标准在内的标准规范建设始终贯穿这六个层次,为整个系统建设提供良好的安全保障和规范标准。

各层次具体功能如下。

(1)数据资源层

主要包括各种文献数据库资源,包括相关统计数据、相关电子文献、多媒体资料、纸质资料等。数据资源是整个系统的基础。

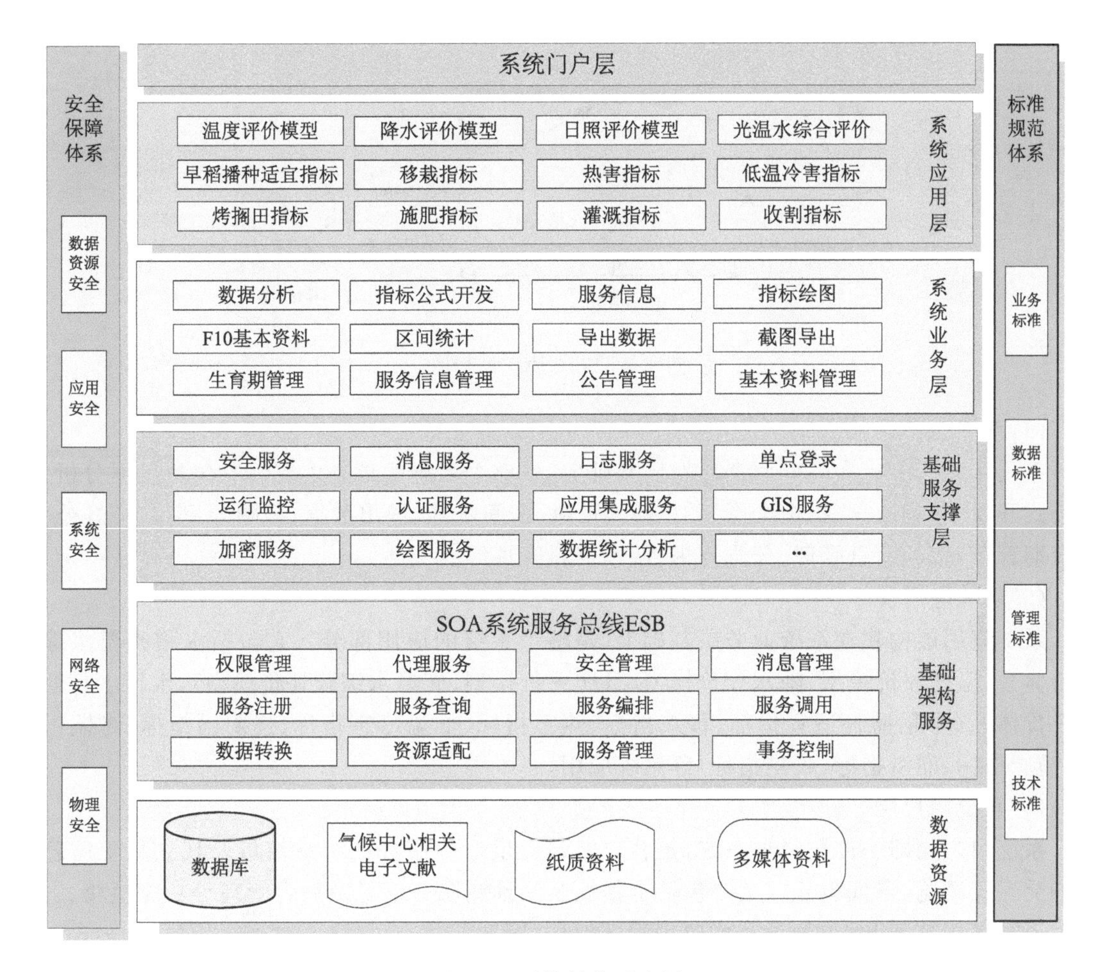


图 8.1　系统结构示意图

(2)基础架构服务层

基础架构服务层(即 SOA 系统服务总线 ESB)是整个基于 SOA 云计算架构的核心部分。它是 SOA 体系中的基础架构,是 SOA 架构中实现服务间智能化集成与管理的中介。它可以消除不同应用之间的技术差异,让不同的应用服务器协调运作,实现了不同服务之间的通信与整合。各个服务通过总线来互相访问,消息传输、数据转换及动态路由提供服务总线所需的必要服务支持。

它包含了实现 SOA 分层目标所必需的基础功能部件(图 8.2):权限管理、代理服务、安全管理、消息管理、服务注册、服务查询、服务编排、服务调用、数据转化、资源设配、服务管理、事务控制等。

(3)基础服务支撑层

基础服务支撑层为整个服务平台系统提供一系列通用的基础服务支撑。采用面向服务设计,能够通过 SOA 统一服务总线 ESB 为服务平台系统提供相应的基础服务。基础服务支撑层包括安全服务、消息服务、日志服务、单点登录、运行监控、认证服务、应用集成服务、GIS 服务、加密服务、绘图服务、数据统计分析等。

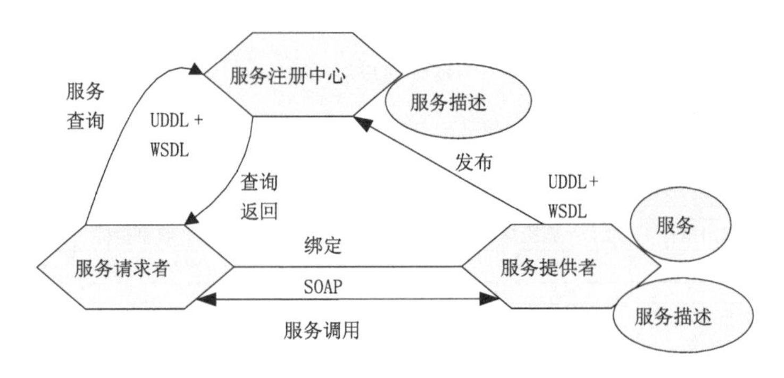


图 8.2　SOA 协作模型图

(4)系统业务层

系统业务层构建在基础服务支撑层基础上，是整个系统的核心内容。它包括数据分析、指标公式开发、服务信息、指标绘图、F10 基本资料、区间统计、导出数据、截图导出、跑马灯公告、生育期管理、服务信息管理、公告管理、基本资料管理等。

(5)系统应用层

系统应用层构建在系统业务层基础上，是整个系统的应用部分。它包括水稻光温水综合评价体系(温度评价模型、降水评价模型、日照评价模型、光温水综合评价模型)，水稻生育期综合评价体系(早稻播种适宜指标、移栽指标、热害指标、低温冷害指标、连阴雨指标、烤搁田指标、施肥指标、灌溉指标、收割指标)等系统应用。

(6)系统门户层

系统门户层即一体化门户系统，是客户网站提供对外服务的统一窗口。其立足于信息产品的交互式浏览、咨询服务。主要包括全程性监测预测服务信息及后台管理等功能模块。

系统采用基于 SOA 的分布式应用程序架构(图 8.3)。

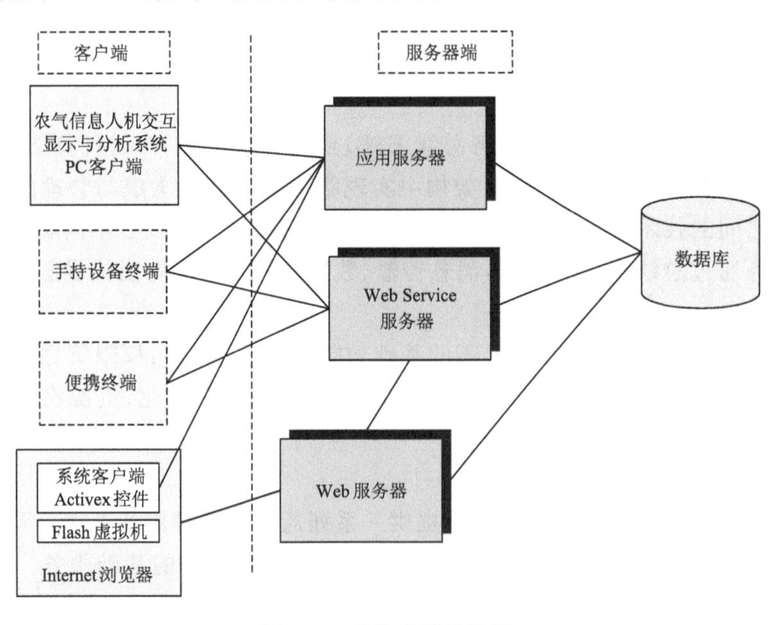


图 8.3　系统程序结构图

整体采用分布式系统架构，各个子系统支持系统集群部署。如图 8.4 所示，整个系统由多个服务器集群构成，包括数据库集群、应用服务器集群和 Web 服务器集群。

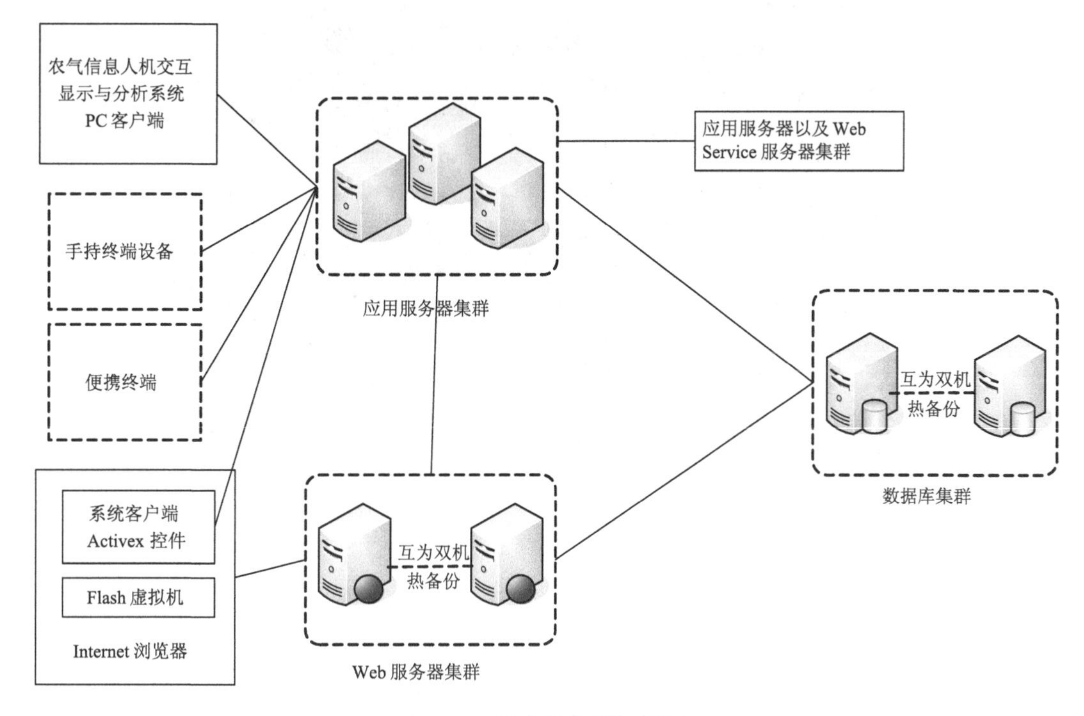


图 8.4　服务器集群构架图

### 8.1.2　系统功能

系统提供多维概念视图，可进行直观的数据操作，遵循“透明性、动态处理准则、多用户支持能力、不受限的维与聚集层次”等原则，以 OLAP 为核心技术构建全程性、多时效、定量化的农业气象监测分析、预测预报系统，包括指标编辑器、知识编辑器（推理）、区间统计、基本信息查询、区域图形绘制及后台管理等主要模块，实现精细化的作物农业气象条件诊断和评估、灾害监测预警、农用天气预报等产品的制作功能。

(1)基本功能

系统主界面见图 8.5，主要功能区如下：

①菜单栏：系统（连接主站、断开主站、重新初始化、自动升级、打印、打印预览、打印设置、导出数据、全屏显示、退出系统）；功能（指标编辑、知识编辑、区间统计、区域绘图、基本信息）；帮助；

②当前数据：动态显示当前日期（鼠标所处位置）主要要素的具体数值；

③气象要素曲线、阴阳线：主要气象要素曲线及气温阴阳线显示区，横坐标单位可在日、候、旬、月间切换；

④生育期：当年和常年作物生育期；

⑤气象要素柱状图示：显示雨量和日照时数；

⑥指标曲线：所有指标均取值[0～1]，全程、直观、动态显示定量影响评估、监测和预测

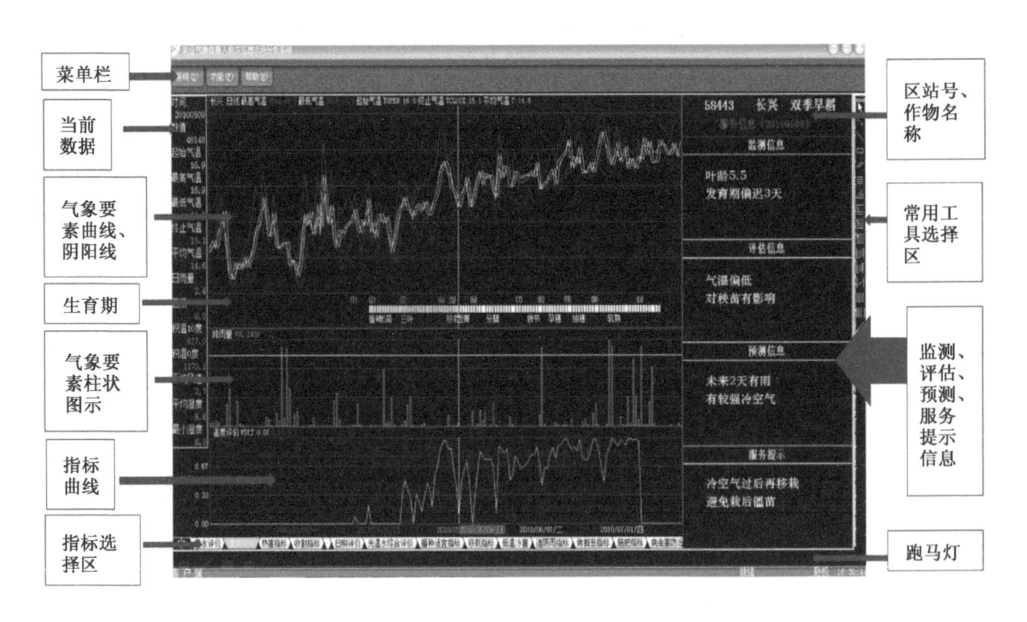


图 8.5 系统主界面

信息；

⑦指标选择区：指标选择点击区；

⑧区站号、作物名称：以区站号或台站名称/作物名称第一个拼音字母在菜单中选择输入；

⑨常用工具选择区：常用图形辅助工具；

⑩监测、评估、预测、服务提示信息：根据实时数据和指标，通过逻辑推理，自动得出各种信息；

⑪跑马灯：移动显示重要监测预警信息或重要通知等。

(2)指标编辑器

系统支持自定义公式及指标的功能。指标体系构建系统内嵌脚本编译器，以及脚本运行引擎，并提供了一个图形化的脚本公式编辑工具(图 8.6)。可编程脚本支持各个基本气象要素数据以及作物信息的获取，同时实现了各种基本的算术函数、逻辑函数、引用函数、统计算法、图形绘制函数、形态函数等。

用户可以自己定义研究需要的指标，并创建指标体系；并利用脚本公式编辑工具构建各种指标计算模型和算法公式，并支持将结果通过图形绘制函数以图形的方式展现。

(3)知识编辑器

建立了农业气象精细化服务知识库，汇集了大量农业气象信息服务相关的知识，整合了各种系统资源。

系统采用 SOA(面向服务架构)系统架构技术，不仅可以实现各项资源的重复使用和整合，而且能够跨越各种硬件平台和软件平台的开放标准，能够无缝整合各种系统资源，构建一个面向服务的具有高可扩展性的综合信息处理平台(图 8.7)。分布式系统架构支撑大量用户同时在线访问数据。

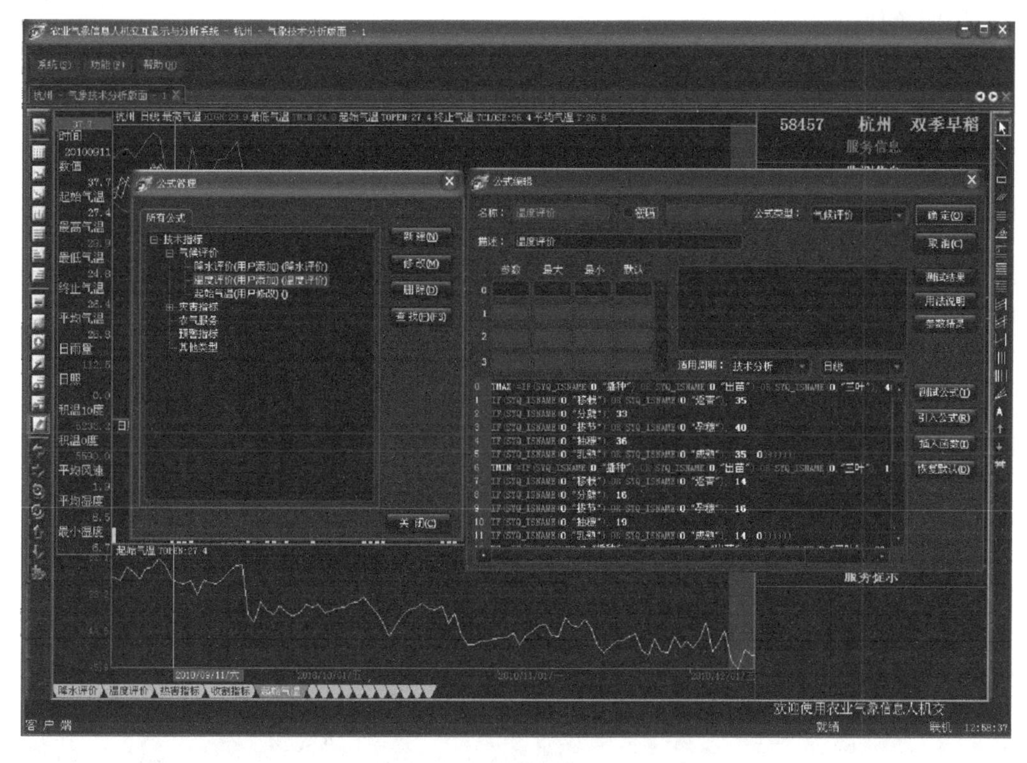


图 8.6　指标编辑器界面图

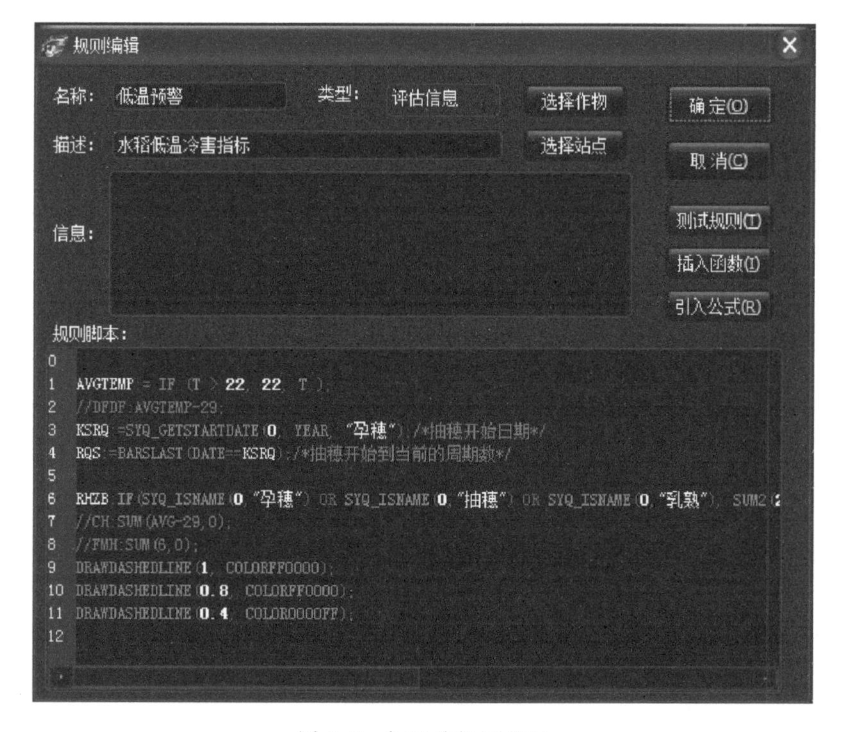


图 8.7　知识编辑器界面

(4)区间统计

通过键盘查询站点和作物，键盘输入时自动触发小键盘；支持任意区间统计查询，分析选中的时间段内的具体情况，包括要素极值、历史排位等(图 8.8)。

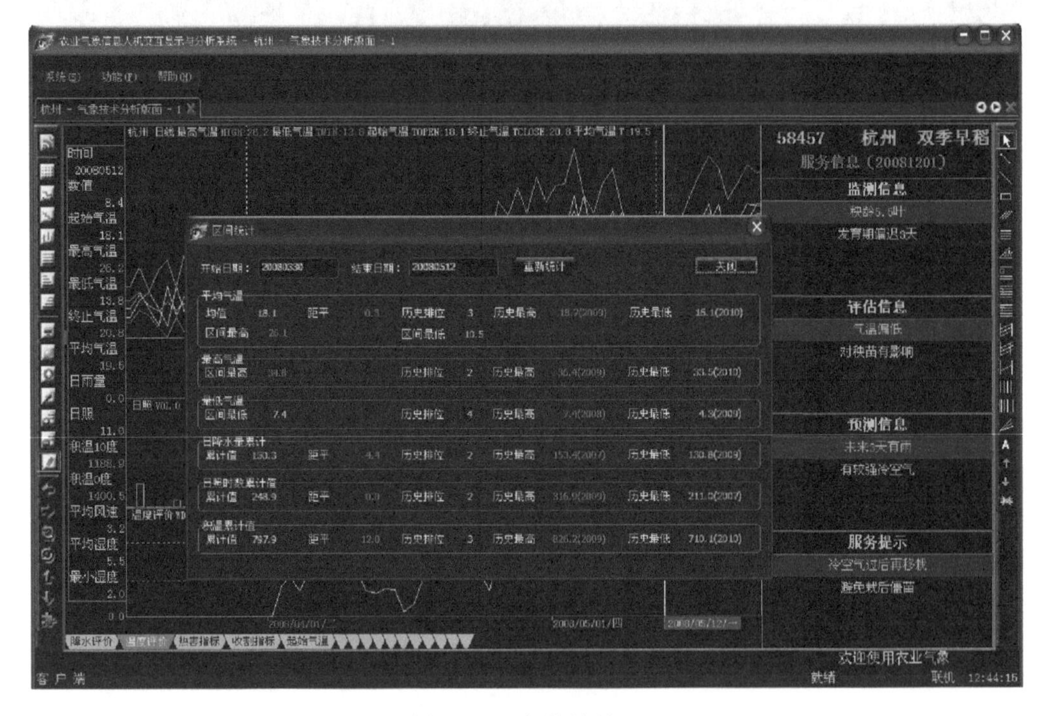


图 8.8　区间统计界面

(5)图形绘制

主界面中显示的是单点的数据，为了获得区域数据，系统提供了要素或指标的区域分布图绘制功能。利用“GDI+”技术，实现了图形绘制编程框架，提供统一的图形编程接口，为整个系统提供图形绘制服务。采用基于 GIS 的绘图技术，各项气象要素数据和指标数据均支持填色图、等值线图以及填色等值线图的绘制。选择需要绘图统计的指标、日期、配色方案、图片类型后，就能根据需要形象地表现该指标的状况(图 8.9)，产生的结果能直接保存(支持 .html、.doc、.xsl、.pdf 等格式文件)。

(6)诊断分析

常规的统计诊断分析方法，用于计算一定地理监测区域内，反映气候特征的一些典型的统计参数，如求和、最大值、最小值、平均值、中值、标准差、方差和频率等。但一种气象灾害的发生、发展和消亡，影响因素是多种多样的，各因素之间存在相互联系、相互影响和相互制约，为了客观定量地研究它们之间的数量关系，建立了农业气象信息人机交互显示与分析系统。它采用气象学、统计学、运筹学、情报学等研究领域的算法和模型，以及一系列高效、实用、智能的数据挖掘分析方法，科研人员可以利用系统进行定量及定性分析，并能够对原始数据进行多角度分析。它还支持自主构建评价体系，对信息进行建模评价，同时与专家评价相结合，实现一个完善的评价系统。

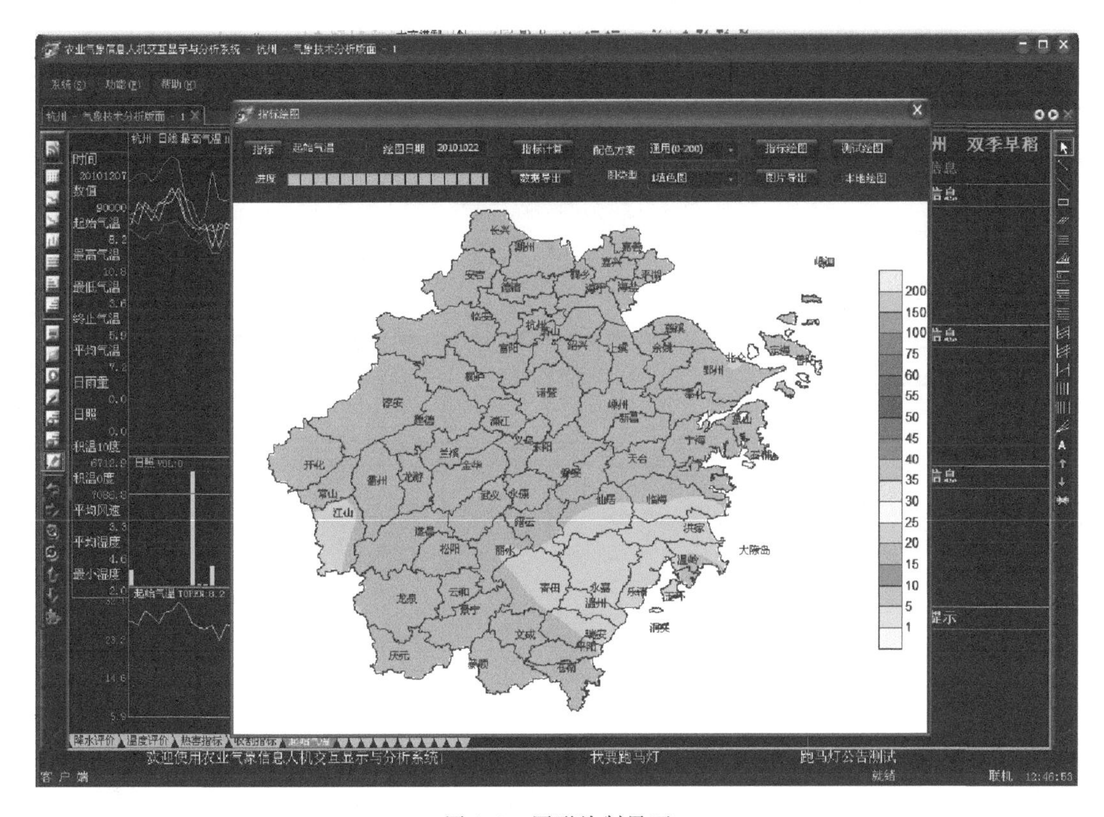


图 8.9　图形绘制界面

(7)监测预警

实时动态监测各站点各种作物生育期温度、降水状况，以作物气候适应性域指标为界限，计算作物生育关键期气象条件的上限、下限、受灾阈、死亡阈。为作物全程气象灾害实现动态监控服务，并自动计算受灾期发育生长变化状况；自动预警干旱、连阴雨、干热风、霜冻冷害等的气象灾害的发生、发展趋势。监测要素(温度、日雨量、日照、积温、平均风速、最小湿度)的历年同期值和气候标准值，若发现某一测点或某一区域气候有异常的迹象或征兆，可同时调用任意有关内容的参考信息，也可直接输入相应的规则，并在测点上设加亮区或预警图标，以引起关注，对台风、暴雨、冰雹、干旱和洪涝等气象灾害进行实时监测时可用不同形象图标在测点上标注，直观醒目。

基于多媒体电子地图系统构建图形化监测子系统，根据监测对象所处地理位置，在特定的地图区域以文字、图片、动画等方式显示监测结果，并可以导航到监测结果详情页面。如果监测指标的变化达到事先设定的监测预警触发条件，电子地图中可以通过醒目的动画和声音等形式显示预警信息，并可以根据该预警信息快速定位到发起预警的准确位置，同时，系统能够自动以邮件的方式向相关人员发送预警信息。

(8)后台管理

系统提供了等级管理、数据分发等强大的后台管理功能(图 8.10)。

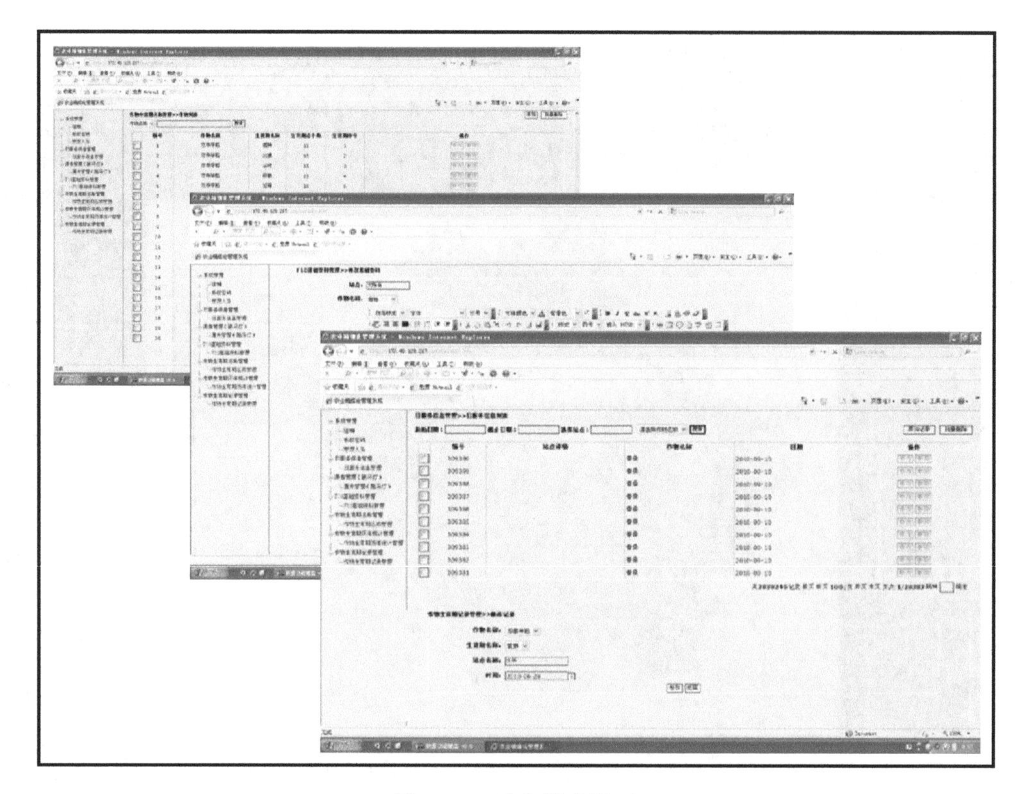

图 8.10　后台管理界面

### 8.1.3　系统特点

(1)技术特点

①基于面向服务 SOA 的分布式应用程序架构

系统采用 SOA(面向服务架构)系统架构技术。SOA 是一种新的应用架构模型,它以服务驱动为核心理念,与传统架构相比,SOA 为信息资源之间定义了更为灵活的松散耦合关系。利用开发标准的支持,采用服务作为应用集成的基本手段,SOA 不仅可以实现各项资源的重复使用和整合,而且能够跨越各种硬件平台和软件平台的开放标准。本系统架构,能够无缝整合气候中心各种系统资源,构建一个面向服务的具有高可扩展性的综合信息处理平台。

整体采用分布式系统架构,各个子系统支持系统集群部署。如整个系统由多个服务器集群构成,包括数据库集群、应用服务器集群和 Web 服务器集群。系统能够以服务器集群的方式提供各项数据应用服务,确保系统的高并发性、高可用性、高可伸缩性、存储安全性以及健壮性。

系统的总体架构保证了系统在各个层面上可扩展性,保证了面向过程的业务运作;平台能够根据客户的不同需求,有机地协同工作,保证整个业务过程的完整性。

基于面向服务 SOA 的分布式应用程序架构是伸缩性极强的应用程序架构,系统能够在其基础上,整合各项应用服务,依托系统平台构建云计算服务平台,对外发布云计算服务。

②采用高效的服务器程序模型和相关技术

系统采用了基于 SEDA 架构的高性能应用服务框架技术,确保内核具有高性能、高健壮性、高可扩展性。

系统需要支撑大量的用户同时在线访问数据，同时系统的应用网络环境比较复杂，包括内部局域网、基于互联网的气象局专网，以及外部互联网，因此，需要解决在有限带宽网络中进行大量数据传输的问题。同时，该系统的服务器端程序需要频繁访问大量的数据库数据。为此该系统采用一系列技术提升系统的性能和稳定性。

采用线程池技术、事件驱动事务处理应用服务器模型、数据缓存技术，以及数据压缩传输技术等。采用线程池技术和事件驱动事务处理应用服务器模型这两项技术可以充分利用硬件服务器的 CPU 运算和数据存取能力，极大提升同时在线用户数，同时极大缩短服务器处理客户端请求的响应时间。由于该系统是 IO 操作密集型系统，磁盘文件数据的访问速度是影响系统性能的关键因素。为此，我们采用数据缓存技术，将部分数据缓存在内存当中，这将极大提升系统的磁盘文件数据访问速度。为了解决互联网网络环境、带宽有限的问题，我们采用了高效的数据压缩传输技术。

(2)功能特点

①多维信息融合

遵循“多维概念视图、动态处理准则、多用户支持能力、直观的数据操作、不受限的维与聚集层次”等原则构建 AIOLAPS，实现多维信息有机融合。

通过直观的数据操作，可将作物生长发育过程、同期不同气象要素、影响指标和监测信息、评估信息、预测信息、服务提示等进行叠加分析，点面结合、定性与定量结合，通过多维信息融合，得出决策结论。

系统采用图形化方式为用户提供全方位、交互式的信息服务。可以查看历史各个时间的信息，还可以根据自己的需要对指定的时段进行信息统计。系统同时提供信息实时推送功能，内容以跑马灯，弹出式窗口等形式将最新的通知和公告发给用户。可整合邮件和短信发布平台，将最新的咨询发布到用户手中。

系统采用主动信息服务技术，支持在人机交互过程中系统针对用户的不同兴趣和阅读习惯主动提供适应用户的个性化需求，将用户从大量的检索和预览工作中解脱出来，提高阅读效率。系统具备强大的网络信息搜索能力，能够变被动响应为主动服务，根据用户的访问记录、阅读记录、检索记录、订阅记录、收藏记录和个人背景资料等历史信息，主动采集信息，主动智能处理信息，主动挖掘知识，过滤次要信息，反映重要信息，主动整合和分析用户的阅读兴趣，主动进行阅读需求预测，并针对这样的预测提供主动的信息服务，指导用户的浏览过程和检索过程，让信息与用户实现精准对接。

②分布式协同研究

构建数字化、网络化的农业气象分布式协同研究平台，提供信息化、规范化、效率化的研究环境；系统支持自主构建评价体系，可通过内嵌脚本编译器创建指标体系，实现系列农业气象监测、预测、评价功能，如水稻光温水综合监测预测评价和水稻生育期监测预测评价。

系统支持多研究领域的算法和模型和系列高效、实用、智能的数据挖掘分析方法，定量和定性分析相结合，可对原始数据进行多角度动态分析。

同时协同研究平台实现仿真的、可视化的、使用方便的、人机交互界面友好的研究工作台，能够合理整合研究资源，实现信息与知识共享，加强研究人员之间沟通与协作，从而全面提升研究效率，降低研究成本。

③综合决策支持

系统内建了农业气象精细化服务知识库，汇集了大量农业气象信息服务相关的知识，并在其基础上构建了决策支持系统。

决策支持系统(Decision Support System，简称 DSS)是以信息技术为手段，应用决策科学及有关的理论和方法，利用数据和模型，针对某一类型的半结构化和非结构化的问题，通过提供背景资料、协助明确问题、修改完善模型、列举可能方案、进行分析比较等方式，为管理者做出正确决策提供帮助的人机交互式信息系统。它为决策者提供分析问题、建立模型、模拟决策过程和方案的环境，调用各种信息资源和分析工具，帮助决策者提高决策水平和质量。

用户可以针对系统中建立的指标体系，建立决策支持规则，结合农业气象精细化服务知识库，实现决策支持。

### 8.1.4 系统运行及完善设想

一个优秀的系统应当具备易操作、功能全、界面优等特点。农业气象信息人机交互显示与分析系统在试运行阶段，重点是在用户真实环境下，对用户网络及硬件设备进行测试，对软件系统进行容量、性能压力等测试。测试及试运行的目的在于确保系统各项功能均能正常使用，同时把尽可能多的潜在问题在正式运行之前发现并改正；同时还在于在正式运行前用户及有关人员能进一步提高操作水平，掌握操作规范。

在业务运用过程中，将不断完善、丰富农业气象信息人机交互显示与分析功能。主要从下面几个方面继续完善系统：

(1)不断完善自主构建评价体系，使诊断评价的结果更准确；

(2)在业务运行中要根据实际情况不断完善灾害指标，使监测结果更加客观准确；

(3)丰富系统功能，使系统更加多元化；

(4)完善界面设计，使界面美观，操作简单易行。

## 8.2 脚本内置变量

CODE＝站点代码

CODENAME＝站点名称

PYJC＝拼音简称

TMAX＝最高气温

TMIN＝最低气温

TOPEN＝起始气温

TCLOSE＝终止气温

T＝平均气温

R＝降雨量

S＝日照

F＝风速

U＝相对湿度

UMIN＝最小湿度

JW0＝0℃积温
JW10＝10℃积温
DATE＝日期(年月日)
TIME＝时间(小时分钟)
YEAR＝年
MONTH＝月
WEEK＝星期几(1～7)
DAY＝日

## 8.3　脚本内置函数

### 8.3.1　站点函数

(1)CODE 站点代码
返回站点代码。
用法：CODE

(2)CODENAME 站点名称
返回站点名称。
用法：CODENAME

(3)CODETYPE 站点类型
返回站点类型。
用法：CODETYPE

(4)PYJC 拼音简称
返回拼音简称。
用法：PYJC

### 8.3.2　时间函数

(1)DATE 日期
取得该周期的年月日。
用法：DATE　例如函数返回 20000101,表示 2000 年 1 月 1 日。

(2)TIME 时间
取得该周期的时分。
用法：TIME　函数返回有效值范围为 0000～2359。

(3)YEAR 年份

取得该周期的年份。

用法:YEAR

(4)MONTH 月份

取得该周期的月份。

用法:MONTH　函数返回有效值范围为1～12。

(5)WEEK 星期

取得该周期的星期数。

用法:WEEK　函数返回有效值范围为1～7,1表示星期天。

(6)DAY 日期

取得该周期的日期。

用法:DAY　函数返回有效值范围为1～31。

(7)HOUR 小时

取得该周期的小时数。

用法:HOUR　函数返回有效值范围为0～23,对于日线及更长的分析周期值为0。

(8)MINUTE 分钟

取得该周期的分钟数。

用法:MINUTE　函数返回有效值范围为0～59,对于日线及更长的分析周期值为0。

(9)COORZERO 百分比坐标0点的值

百分比坐标0点的值。

用法:COORZERO　返回百分比坐标0点的值。

### 8.3.3 绘制函数

(1)COLOR 自定义色

格式为COLOR+“BBGGRR”　RR、GG、BB表示蓝色、绿色和红色的分量,每种颜色的取值范围是00～FF,采用了16进制。

例如:COLOR00FFFF表示纯红色与纯绿色的混合色,COLOR808000表示淡蓝色和淡绿色的混合色。

COLORBLACK 画黑色

COLORBLUE 画蓝色

COLORGREEN 画绿色

COLORCYAN 画青色

COLORRED 画红色

COLORMAGENTA 画洋红色
COLORBROWN 画棕色
COLORLIGRAY 画淡灰色
COLORGRAY 画深灰色
COLORLIBLUE 画淡蓝色
COLORLIGREEN 画淡绿色
COLORLICYAN 画淡青色
COLORLIRED 画淡红色
COLORLIMAGENTA 画淡洋红色
COLORYELLOW 画黄色
COLORWHITE 画白色

(2)LINE 线条
LINENORMAL 画实线
用法:OUT:QUANTITY,LINENORMAL

LINEDASHED 画虚线
用法:OUT:QUANTITY,LINEDASHED

LINESTICK 画柱状线
用法:OUT:VOL,LINESTICK

LINENORMALKLINE 画普通线
用法:OUT:TOPEN>TCLOSE,LINENORMALKLINE

LINENULL 不画线
用法:OUT:QUANTITY,LINENULL

(3)DRAW 绘制
DRAWTEXT 显示文字
在图形上显示文字。

用法:DRAWTEXT(COND,QUANTITY,TEXT,COLOR),当 COND 条件满足时,在 QUANTITY 位置书写文字 TEXT。

例如:DRAWTEXT(TCLOSE/TOPEN>1.08,TMIN,'大阳线',COLORRED)表示当日上升幅度大于 8%时在最低值位置显示红色“大阳线”字样。

如果 QUANTITY==-1 表示显示到绘制区域的顶部,如果 QUANTITY==-2 表示显示到绘制区域的底部。

DRAWICON 绘制图标

在图形上绘制小图标。

用法:DRAWICON(COND,QUANTITY,TYPE,TIPTXT),当 COND 条件满足时,在 QUANTITY 位置画 TYPE 号图标。

例如:DRAWICON(TCLOSE>TOPEN,TMIN,0,'升')表示当要素值上升时在最低值位置画 0 号图标,当鼠标移动上面时会有"升"提示。

如果 QUANTITY==-1 表示显示到绘制区域的顶部,如果 QUANTITY==-2 表示显示到绘制区域的底部。

DRAWNORMALLINE 绘制实线

在图形上绘实线

用法:DRAWNORMALLINE(QUANTITY, COLOR)

例如:DRAWNORMALLINE(T, COLORFFFFFF)表示绘制终值线,并在终值线上提示终止值。

DRAWDASHEDLINE 绘制虚线

在图形上绘虚线

用法:DRAWDASHEDLINE(QUANTITY, COLOR)

例如:DRAWDASHEDLINE(T, COLORFFFFFF)表示绘制终值线,并在终值线上提示终止值。

DRAWDOTLINE 绘制点线

在图形上绘点线

用法:DRAWDOTLINE(QUANTITY, COND)　COND 为 TRUE 用阳线颜色,否则用阴线颜色

DRAWSTICKLINE 绘制柱线

在图形上柱线

用法:DRAWSTICKLINE(QUANTITY,MID,TIPTEXT)

### 8.3.4 引用函数

(1)BACKSET 向前赋值

将当前位置到若干周期前的数据设为 1。

用法:BACKSET(X,N)　若 X 非 0,则将当前位置到 N 周期前的数值设为 1。

例如:BACKSET(TCLOSE>TOPEN,2)　若终值大于初值则将该周期及前一周期数值设为 1,否则为 0。

(2)BARSCOUNT 有效数据周期数

求总的周期数

用法:BARSCOUNT(X)　第一个有效数据到当前的天数。

例如:BARSCOUNT(TMAX)

(3)BARSLASTCOUNT 连续条件成立的周期数

统计连续条件成立的周期数

用法:BARSLASTCOUNT(X)　统计连续 X 条件成立的周期数。

例如:BARSLASTCOUNT(TCLOSE＞TOPEN)　统计连续阳线的周期数。

(4)CURRBARSCOUNT 到最终日的周期数

求到最终日的周期数

用法:CURRBARSCOUNT 求到最终日的周期数。

(5)TOTALBARSCOUNT 总的周期数

求总的周期数

用法:TOTALBARSCOUNT 求总的周期数。

(6)BARSLAST 上一次条件成立位置

上一次条件成立到当前的周期数

用法:BARSLAST(X)　上一次 X 不为 0 到现在的天数。

例如:BARSLAST(TMAX＞＝10)　表示上一个最高气温＞10℃到当前的周期数。

(7)BARSSINCE 第一个条件成立位置

第一个条件成立到当前的周期数

用法:BARSSINCE(X)　第一次 X 不为 0 到现在的天数。

例如:BARSSINCE(TMAX＞10)　表示第一次最高气温＞10℃时到当前的周期数。

(8)COUNT 统计

统计满足条件的周期数

用法:COUNT(X,N)　统计 N 周期中满足 X 条件的周期数,若 N＝0 则从第一个有效值开始。

例如:COUNT(TCLOSE＞TOPEN,20)　表示统计 20 周期内终值大于初值的周期数。

(9)DMA 动态移动平均

求动态移动平均

用法:DMA(X,A)　求 X 的动态移动平均。

算法:若 Y＝DMA(X,A)则 Y＝A * X＋(1－A) * Y′,其中 Y′表示上一周期 Y 值,A 必须小于 1。

例如:DMA(T,U/100.0)表示求以相对湿度作平滑因子的平均气温。

(10)EMA 指数移动平均

返回指数移动平均

用法:EMA(X,M)　X 的 M 日指数移动平均。

(11)EXPMA 指数平滑移动平均

返回指数平滑移动平均

用法:EXPMA(X,M)　X 的 M 日指数平滑移动平均。

(12)FILTER 过滤

过滤连续出现的信号

用法:FILTER(X,N)　X 满足条件后,删除其后 N 周期内的数据置为 0。

例如:FILTER(TCLOSE＞TOPEN,5)　查找阳线,5 天内再次出现的阳线不被记录在内。

(13)HHV 最高值

求最高值

用法:HHV(X,N)　求 N 周期内 X 最高值,N=0 则从第一个有效值开始。

例如:HHV(TMAX,30)表示求 30 日最高值。

(14)HHVBARS 上一高点位置

求上一高点到当前的周期数

用法:HHVBARS(X,N)　求 N 周期内 X 最高值到当前周期数,N=0 表示从第一个有效值开始统计。

例如:HHVBARS(TMAX,0)　求得历史新高到当前的周期数。

(15)LLV 最低值

求最低值

用法:LLV(X,N)　求 N 周期内 X 最低值,N=0 则从第一个有效值开始。

例如:LLV(TMIN,0)　表示求历史最低值。

(16)LLVBARS 上一低点位置

求上一低点到当前的周期数

用法:LLVBARS(X,N)　求 N 周期内 X 最低值到当前周期数,N=0 表示从第一个有效值开始统计。

例如:LLVBARS(TMAX,20)　求得 20 日最低点到当前的周期数。

(17)MA 简单移动平均

返回简单移动平均。

用法:MA(X,M)　X 的 M 日简单移动平均。

(18)REF 向前引用

引用若干周期前的数据。

用法:REF(X,A)　引用 A 周期前的 X 值。

例如:REF(TCLOSE,1)　表示上一周期的终止气温,在日线上就是昨日终值。

(19)SMA 移动平均

返回移动平均。

用法:SMA(X,N,M)　X 的 M 日移动平均,M 为权重,如 Y=(X * M+Y' * (N-M))/N。

(20)SUM 总和

求总和。

用法:SUM(X,N)　统计 N 周期中 X 的总和,N=0 则从第一个有效值开始。

例如:SUM(VOL,0)　表示统计从有观测记录以来的要素值的总和。

(21)SUMBARS 累加到指定值的周期数

向前累加到指定值到现在的周期数。

用法:SUMBARS(X,A)　将 X 向前累加直到大于等于 A,返回这个区间的周期数。

例如:SUMBARS(VOL,CAPITAL)　求稳定通过到现在的周期数。

(22)WMA 加权移动平均

求加权移动平均。

用法:WMA(X,A)　求 X 的加权移动平均。

算法:若 Y=WMA(X,A) 则 Y=(N * X0+(N-1) * X1+(N-2) * X2)+…+1 * XN)/(N+(N-1)+(N-2)+…+1),X0 表示本周期值,X1 表示上一周期值…。

例如:WMA(TCLOSE,20)　求 20 日加权均值。

(23)MEMA 平滑移动平均

返回平滑移动平均。

用法:MEMA(X,M)　X 的 M 日平滑移动平均。

算法:Y1=MA(X,N),Y=(X+(N-1) * Y')/N。

(24)EXPMEMA 指数平滑移动平均

返回指数平滑移动平均。

用法:EXPMEMA(X,M)　X 的 M 日指数平滑移动平均。

算法:Y1=MA(X,N),Y=(2 * X+(N-1) * Y')/(N+1)

### 8.3.5 算术函数

(1)ABS 绝对值

求绝对值。

用法:ABS(X) 返回 X 的绝对值。

例如:ABS(－34) 返回 34。

(2)COS 余弦

余弦值。

用法:COS(X) 返回 X 的余弦值。

(3)SIN 正弦

正弦值。

用法:SIN(X) 返回 X 的正弦值。

(4)TAN 正切

正切值。

用法:TAN(X) 返回 X 的正切值。

(5)ACOS 反余弦

反余弦值。

用法:ACOS(X) 返回 X 的反余弦值。

(6)ASIN 反正弦

反正弦值。

用法:ASIN(X) 返回 X 的反正弦值。

(7)ATAN 反正切

反正切值。

用法:ATAN(X) 返回 X 的反正切值。

(8)EXP 指数

指数。

用法:EXP(X) e 的 X 次幂。

例如:EXP(TCLOSE) 返回 e 的 TCLOSE 次幂。

(9)CEIL 向上舍入

向上舍入。

用法:CEIL(A) 返回沿 A 数值增大方向最接近的整数。

例如:CEIL(12.3)求得 13,CEIL(－3.5)求得－3。

(10)FLOOR 向下舍入

向下舍入。

用法:FLOOR(A)　返回沿 A 数值减小方向最接近的整数。

例如:FLOOR(12.3)求得 12,FLOOR(－3.5)求得－4。

(11)INTPART 取整

用法:INTPART(A)　返回沿 A 绝对值减小方向最接近的整数。

例如:INTPART(12.3)求得 12,INTPART(－3.5)求得－3。

(12)LN 自然对数

求自然对数。

用法:LN(X)　以 e 为底的对数。

例如:LN(TCLOSE)求终止气温的自然对数。

(13)LOG 对数

求 10 为底 X 的对数。

用法:LOG(X)　取得 10 为底 X 的对数。

例如:LOG(100)等于 2。

(14)MAX 较大值

求最大值。

用法:MAX(A,B)　返回 A 和 B 中的较大值。

例如:MAX(TCLOSE－TOPEN,0)表示若终止气温大于初始气温返回它们的差值,否则返回 0。

(15)MIN 较小值

求最小值。

用法:MIN(A,B)　返回 A 和 B 中的较小值。

例如:MIN(TCLOSE,TOPEN)返回初始气温和终止气温中的较小值。

(16)MOD 取模

含义:求模运算。

用法:MOD(A,B)　返回 A 对 B 求模。

例如:MOD(26,10)返回 6。

(17)POW 乘幂

乘幂。

用法:POW(A,B)　返回 A 的 B 次幂。
例如:POW(TCLOSE,3)求得终止气温的 3 次方。

(18)SQRT 开方
开平方。
用法:SQRT(X)　求 X 的平方根。
例如:SQRT(TCLOSE)表示终止气温的平方根。

(19)RAND 随机数
用法:RAND()　求随机数。

(20)REVERSE 求相反数
求相反数。
用法:REVERSE(X)　返回－X。
例如:REVERSE(TCLOSE)返回－TCLOSE。

(21)GETITEMVALUE 得到数组中的成员
得到数组中的成员。
用法:GETITEMVALUE(X, INDEX)　返回 X[INDEX]值。
例如:GETITEMVALUE(TCLOSE, 0)返回 CLOSE 第 0 个周期的值。

(22)GETMAXITEM 得到数组最大值成员
得到数组最大值成员。
用法:GETMAXITEM(X)　返回 X 数组最大的成员索引。
例如:GETMAXITEM(TCLOSE)返回 CLOSE 数组最大的成员索引。

(23)GETMINITEM 得到数组最小值成员
得到数组最小值成员。
用法:GETMINITEM(X)　返回 X 数组最小的成员索引。
例如:GETMINITEM(TCLOSE)返回 CLOSE 数组最小的成员索引。

### 8.3.6 逻辑函数

(1)RANGE 介于某个范围之间
用法:RANGE(A,B,C)　A 在 B 和 C。
例如:RANGE(A,B,C)表示 A 大于 B 同时小于 C 时返回 1,否则返回 0。

(2)BETWEEN:介于
介于某两个数值之间。
用法:BETWEEN(A,B,C)　表示 A 处于 B 和 C 之间时返回 1,否则返回 0。

例如:BETWEEN(TCLOSE,MA(TCLOSE,10),MA(TCLOSE,5))表示终止气温介于5日均线和10日均线之间。

(3)CROSS 上穿

两条线交叉。

用法:CROSS(A,B) 当A从下方向上穿过B时返回1,否则返回0。

例如:CROSS(MA(TCLOSE,5),MA(TCLOSE,10))表示5日均线与10日均线交金叉。

(4)LONGCROSS 维持一定周期后上穿

两条线维持一定周期后交叉。

用法:LONGCROSS(A,B,N) A在N周期内都小于B,本周期从下方向上穿过B时返回1,否则返回0。

(5)NOT 取反

求逻辑非。

用法:NOT(X) 返回非X,即当X=0时返回1,否则返回0。

例如:NOT(ISUP)表示终止值小于等于起始值。

(6)IF 逻辑判断

根据条件求不同的值。

用法:IF(X,A,B) 若X不为0则返回A,否则返回B。

例如:IF(TCLOSE>TOPEN,TMAX,TMIN)表示该周期阳线则返回最高值,否则返回最低值。

(7)ISNULLVALUE 逻辑判断

含义:判断是否为空。

用法:ISNULLVALUE(A) 如果A为空(即没有数据)则返回1,否则返回0。

(8)UPNDAY 连升

返回是否连升周期数。

用法:UPNDAY(TCLOSE,M) 连升M个周期。

(9)DOWNNDAY 连降

返回是否连降周期。

用法:DOWNNDAY(TCLOSE,M) 连降M个周期。

(10)NDAY 连大

返回是否持续存在X>Y。

用法:NDAY(TCLOSE,TOPEN,3) 连续3日收阳线。

(11)EXIST 存在

是否存在。

用法:EXIST(TCLOSE＞TOPEN,10)　前 10 日内存在着阳线。

(12)EVERY 一直存在

一直存在。

用法:EVERY(TCLOSE＞TOPEN,10)　前 10 日内一直阳线。

(13)LAST 持续存在

用法:LAST(X,A,B)　A＞B,表示从前 A 日到前 B 日一直满足 X 条件。若 A 为 0,表示从第一天开始,B 为 0,表示到最后日止。

例如:LAST(TCLOSE＞TOPEN,10,5)表示从前 10 日到前 5 日内一直阳线。

### 8.3.7 统计函数

(1)AVEDEV 平均绝对方差

用法:AVEDEV(X,N)　返回平均绝对方差。

(2)CORREL 两样本的相关系数

两样本的相关系数。

用法:CORREL(X,Y,N)　X 与 Y 的 N 周期相关系数,其有效值范围在－1～1。

例如:CORREL(TCLOSE,INDEXC,10)表示终止气温与综合指数之间的 10 周期相关系数。

(3)COVAR 两样本的协方差

两样本的协方差。

用法:COVAR(X,Y,N)　X 与 Y 的 N 周期协方差。

例如:COVAR(TCLOSE,INDEXC,10)表示终止气温与综合指数之间的 10 周期协方差。

(4)DEVSQ 数据偏差平方和

用法:DEVSQ(X,N)　返回数据偏差平方和。

(5)FORCAST 线性回归预测值

用法:FORCAST(X,N)　返回线性回归预测值。

(6)KURT 返回数据集的峰值

返回数据集的峰值。峰值反映与正态分布相比某一分布的尖锐度或平坦度。正峰值表示相对尖锐的分布。负峰值表示相对平坦的分布。

用法: KURT(X,N)

(7)SKEW 返回分布的偏斜度

返回分布的偏斜度。偏斜度反映以平均值为中心的分布的不对称程度。正偏斜度表示不对称边的分布更趋向正值。负偏斜度表示不对称边的分布更趋向负值。

用法：SKEW(X,N)

(8)SLOPE 线性回归斜率

用法:SLOPE(X,N)　返回线性回归斜率。

(9)STD 估算标准差

用法:STD(X,N)　返回估算标准差。

(10)STDP 总体标准差

用法:STDP(X,N)　返回总体标准差。

(11)VAR 估算样本方差

用法:VAR(X,N)　返回估算样本方差。

(12)VARP 总体样本方差

用法:VARP(X,N)　返回总体样本方差 。

### 8.3.8 形态函数

(1)ZIG 之字转向

之字转向。

用法:ZIG(K,N)　当数值变化量超过 N%时转向

例如:ZIG(3,5)表示终止气温的 5%的 ZIG 转向。

(2)PEAK 波峰值

前 M 个 ZIG 转向波峰值。

用法:PEAK(K,N,M)　之字转向 ZIG(K,N)的前 M 个波峰的数值,M 必须大于等于 1。

例如:PEAK(1,5,1)表示%5 最高值 ZIG 转向的上一个波峰的数值。

(3)PEAKBARS 波峰位置

前 M 个 ZIG 转向波峰到当前距离。

用法:PEAKBARS(K,N,M)　之字转向 ZIG(K,N)的前 M 个波峰到当前的周期数,M 必须大于等于 1。

例如:PEAKBARS (0,5,1)表示%5 初始气温 ZIG 转向的上一个波峰到当前的周期数。

(4)TROUGH 波谷值

前 M 个 ZIG 转向波谷值。

用法:TROUGH(K,N,M) 之字转向 ZIG(K,N)的前 M 个波谷的数值,M 必须大于等于 1。

例如:TROUGH(2,5,2)表示%5 最低值 ZIG 转向的前 2 个波谷的数值。

(5)TROUGHBARS 波谷位置

前 M 个 ZIG 转向波谷到当前距离。

用法:TROUGHBARS(K,N,M) 之字转向 ZIG(K,N)的前 M 个波谷到当前的周期数,M 必须大于等于 1。

例如:TROUGH(2,5,2)表示%5 最低值 ZIG 转向的前 2 个波谷到当前的周期数。

(6)SAR 抛物转向

抛物转向。

用法:SAR(N,S,M) N 为计算周期,S 为步长,M 为极值。

例如:SAR(10,2,20)表示计算 10 日抛物转向,步长为 2%,极限值为 20%。

(7)SARTURN 抛物转向点

抛物转向点。

用法:SARTURN(N,S,M) N 为计算周期,S 为步长,M 为极值,若发生向上转向则返回 1,若发生向下转向则返回−1,否则为 0。其用法与 SAR 函数相同。

### 8.3.9 生育期函数

SYQ_COUNT 获取生育期个数:无输入参数,返回 int。

用法:SYQ_COUNT() 无输入参数,返回生育期个数。

SYQ_GETSTARTDATE 根据年份和生育期名称获取所在生育期起始时间:BOOL bHisSYQ 是否历史平均生育期, int nYear 指定年份,CString strName 生育期名称,返回 int 型日期。

用法:SYQ_GETSTARTDATE (1,2010,'乳熟') 返回 2010 年,乳熟生育期的起始时间。

SYQ_GETENDDATE 根据年份和生育期名称获取所在生育期结束时间:BOOL bHisSYQ 是否历史平均生育期, int nYear 指定年份,CString strName 生育期名称,返回 int 型日期。

用法:SYQ_GETENDDATE(1, 2010, '乳熟') 返回 2010 年,乳熟生育期的结束时间。

SYQ_ISNAME 判断当日生育期名称是否为参数输入生育期:BOOL bHisSYQ 是否历史平均生育期, CString strName 生育期名称,返回 int 型(BOOL)。

用法:SYQ_ISNAME(1, '乳熟') 返回当日是否为乳熟。

SYQ_GETSTARTDATE2 根据指定日期获取所在生育期起始时间:BOOL bHisSYQ 是

否历史平均生育期，int nDate 指定日期 YYYYMMDD,返回 int 型日期。

用法：SYQ_GETSTARTDATE2（1，20100715）　返回 20100715 所在生育期的起始时间。

SYQ_GETENDDATE2 根据指定日期获取所在生育期结束时间:BOOL bHisSYQ 是否历史平均生育期，int nDate 指定日期 YYYYMMDD,返回 int 型日期。

用法：SYQ_GETENDDATE2（1，20100715）　返回 20100715 所在生育期的终止时间。

### 8.3.10　其他函数

VTOSTR 数值转化成字符串

用法:VTOSTR(PRICE)　函数返回数值字符串